新文科·新传媒·新形态
精品系列教材

AIGC
与Photoshop
图形图像处理案例教程
|全彩微课版|

宗莲松 何凯霖◎主编
陈绣英 朱丹◎副主编

U0739847

人民邮电出版社
北 京

图书在版编目（CIP）数据

AIGC 与 Photoshop 图形图像处理案例教程：全彩微课版 / 宗莲松，何凯霖主编． -- 北京：人民邮电出版社，2025． --（新文科·新传媒·新形态精品系列教材）．
ISBN 978-7-115-67569-9

Ⅰ．TP391.413

中国国家版本馆 CIP 数据核字第 2025BF6111 号

内 容 提 要

　　Photoshop 是目前主流的图形图像处理软件之一，应用于图像处理、平面设计、数字绘图等领域。本书使用 Photoshop 2023，系统介绍 Photoshop 的常用功能和使用方法，同时讲解 AIGC 工具的应用方法及案例。

　　本书以章节的形式展开，内容由浅入深、循序渐进。第 1 章主要介绍图形与图像、AIGC 与图像处理应用，以及设计师的岗位与要求；第 2 章帮助读者快速认识 Photoshop 2023，掌握软件的基本操作；第 3～9 章分别详细介绍 Photoshop 的各项功能和工具，包括应用选区、绘制与修饰图像、图像调色、图层高级操作与文字应用、应用蒙版与通道、应用滤镜，以及切片、批处理与帧动画；第 10 章介绍综合案例，旨在教会读者运用 Photoshop 和 AIGC 工具完成多个行业的商业设计项目。

　　本书可作为高等院校网络与新媒体、广告学、电子商务等专业图形图像处理相关课程的教材，也可作为各类社会培训机构相关课程的教材，还可供 Photoshop 初学者在自学时参考。

◆ 主　　编　宗莲松　何凯霖
　　副主编　陈绣英　朱　丹
　　责任编辑　林明易
　　责任印制　陈　犇

◆ 人民邮电出版社出版发行　　北京市丰台区成寿寺路 11 号
　　邮编　100164　电子邮件　315@ptpress.com.cn
　　网址　https://www.ptpress.com.cn
　　雅迪云印（天津）科技有限公司印刷

◆ 开本：787×1092　1/16
　　印张：14.5　　　　　　　　2025 年 8 月第 1 版
　　字数：347 千字　　　　　　2025 年 8 月天津第 1 次印刷

定价：69.80 元

读者服务热线：(010)81055256　印装质量热线：(010)81055316
反盗版热线：(010)81055315

前言

党的二十大报告提出:"加快发展数字经济,促进数字经济和实体经济深度融合,打造具有国际竞争力的数字产业集群。"在信息技术高速发展的今天,图形图像处理技术已经成为众多行业和领域中不可或缺的综合性技术。Adobe Photoshop(以下简称 Photoshop)作为图形图像处理软件,凭借其强大的功能和广泛的应用范围,备受设计师的喜爱。而 AIGC(Artificial Intelligence Generated Content,人工智能生成内容)技术的兴起,推动图形图像处理技术向更高效、更智能的方向发展,为设计行业注入了新的活力,也带来了更多的创意和可能性。

一、本书内容

本书全面系统地讲解与 Photoshop 和 AIGC 技术相关的知识,按照"本章导读—学习目标—案例展示—课前引导—知识讲解—课堂案例—课堂实训—课后练习"的思路进行编排,通过"本章导读""学习目标""案例展示""课前引导"板块,读者可总览每章内容;通过"知识讲解"板块,读者可学习软件基础知识和功能;通过"课堂案例"板块,读者可快速熟悉软件的基础操作方法和设计思路;通过"课堂实训"和"课后练习"板块,读者可拓展实际应用能力。其中,本书的第 1 章为基础知识讲解,故未设置"课堂案例"板块;本书的第 10 章为综合案例,故未设置"课堂案例""课堂实训""课后练习"板块。本书共 10 章,各章的学时安排如表 1 所示。

表1　各章的学时安排

章序号	章标题	课堂教学／学时	实训教学／学时
1	图形图像处理基础知识	2	1
2	Photoshop 2023 快速入门	4	2
3	应用选区	3	2
4	绘制与修饰图像	3	2
5	图像调色	3	2
6	图层高级操作与文字应用	3	2
7	应用蒙版与通道	2	2
8	应用滤镜	3	2
9	切片、批处理与帧动画	3	2
10	综合案例	2	3
学时总计		28	20

二、本书特色

本书与目前市场上的其他同类教材相比，具有以下特色。

（1）融入AIGC技术，引领主流设计趋势。在数字化浪潮的推动下，本书每章均结合AIGC技术，通过对理论知识和案例的讲解，帮助读者掌握使用AIGC技术完成图像处理和设计作品的方法，实现更加精准、高效的图像处理，形成更丰富的设计创意与风格。同时，本书还将Photoshop与AIGC技术应用融会贯通，帮助读者在实际设计过程中提高效率。

（2）案例丰富，配备微课视频。本书编写团队由常年深耕教学一线、富有教学经验和设计经验的高校教师组成。在本书编写过程中，编者精选了各类真实且颇具代表性的设计案例，具有较强的可读性和参考性。同时，本书还配备了微课视频，读者可以利用计算机和移动终端学习，实现线上线下混合式学习。

（3）理论与实践相结合。本书在讲解理论知识的同时，通过"课堂实训"板块加强读者对知识的理解与掌握。本书还设计了"课后练习"板块，帮助读者更好地进行知识的巩固和能力的提升。

（4）能力与素养共同提升。本书设置了"知识补充""技巧经验""职业素养"小栏目，用以介绍与正文所讲内容相关的知识、经验和职业素养，既可以帮助读者更好地总结和消化知识，又能拓宽读者的知识面。

三、本书资源

为了帮助读者更好地使用本书，编者准备了丰富的配套资源，包括教学资源、AIGC应用、资源链接和微课视频。用书教师如有需要，可登录人邮教育社区（www.ryjiaoyu.com）搜索本书书名或书号，进入本书主页获取相关资源。

（1）教学资源

本书配套的教学资源如表2所示。

表2　教学资源名称及数量

教学资源名称	数量	教学资源名称	数量
教学大纲	1份	电子教案	1份
题库软件	1个	PPT课件	10份
素材文件	364个	行业案例	5个
效果文件	285个	—	—

（2）AIGC应用

为了帮助读者更好地掌握AIGC技术在图形图像处理和设计作品中的应用，编者在书中特别设置了"AIGC应用"板块，其名称及所在页码如表3所示。

表3 AIGC应用名称及所在页码

编号	AIGC 应用名称	页码	编号	AIGC 应用名称	页码
1	一键生成商品主图	29	9	生成艺术字	109
2	扩展图像	52	10	生成按钮	112
3	一键抠图	61	11	创意融合图像	132
4	生成茶叶包装插画	71	12	AI 换背景	139
5	生成标志	75	13	修复老照片并着色	148
6	AI 智能消除与 AI 涂抹替换	82	14	批量处理图像	178
7	AI 调色和一键换天空	96	15	生成线稿与线稿上色	180
8	AI 换色	101	16	生成动画视频	185

（3）资源链接

为更好地讲解本书的重点知识内容，编者设置了 21 个资源链接，读者扫描书中的资源链接二维码即可查看。

资源链接名称及二维码所在页码如表 4 所示。

表4 资源链接名称及二维码所在页码

编号	资源链接名称	页码	编号	资源链接名称	页码
1	"图层"面板各选项和按钮的含义详解	32	12	"液化"对话框主要选项详解	149
2	"对象选择工具"属性栏详解	56	13	"消失点"对话框主要选项详解	154
3	"选择并遮住"界面选项详解	57	14	"切片选项"对话框参数详解	172
4	"画笔设置"面板详解	67	15	"时间轴"面板详解	181
5	混合器画笔工具与颜色替换工具	67	16	效果预览	185
6	创建渐变的两种方式详解	68	17	设计师的职业要求	192
7	图层混合模式详解	107	18	常用 AIGC 工具索引	220
8	图层样式参数详解	110	19	提示词模板	220
9	"字符"面板参数详解	119	20	Photoshop 快捷键一览表	220
10	"段落"面板参数详解	119	21	图像处理技巧	220
11	"Neural Filters"对话框详解	147	—	—	—

（4）微课视频

编者为讲解书中的重难点内容，录制了配套的微课视频，读者扫描书中的微课视频二维码即可观看。

微课视频名称及二维码所在页码如表 5 所示。

表5　微课视频名称及二维码所在页码

章节	微课视频名称	页码	章节	微课视频名称	页码
2.2.8	制作家居企业画册内页	24	7.1.3	合成中国航天日创意海报	130
2.3.5	制作女包主图	27	7.1.6	设计古镇形象广告	133
2.3.7	生成装饰画并制作应用场景效果图	30	7.2.3	抠取玻璃杯	137
2.4.6	设计助农直播封面图	35	8.1.2	制作玻璃效果的 App 登录页	145
2.4.9	设计阅读 App 书架页	39	8.1.4	为老照片着色并修复细节	147
3.1.4	设计旅行社宣传单	48	8.1.6	美化人像	149
3.2.5	设计农产品 Banner	50	8.1.8	优化风景照片	152
3.2.10	设计公众号读书推文封面图	54	8.1.12	在透视空间中修复和替换图像	155
3.3.4	设计新品上市广告	56	8.2.3	设计动感汽车广告	158
3.3.8	设计植树节海报	59	8.2.10	制作海浪纹理插画风格的电影海报	163
4.1.4	绘制茶叶包装插画	69	9.1.3	为汽车企业官网首页切片	172
4.2.4	绘制陶瓷品牌标志	73	9.2.4	批量制作白底主图	176
4.2.7	绘制 Wi-Fi 图标	76	9.2.5	批量制作动漫线稿	179
4.3.2	美化月饼商品图片	78	9.3.3	设计箱包宣传 H5 页面	182
4.3.4	去除商品图片中的多余物体	80	10.1.2	设计企业年会展板	193
5.1.3	改善照片过曝问题	88	10.1.3	设计"中国智造"科技展邀请函	195
5.1.7	制作暖色调写真	91	10.2.2	设计阅读 App 主页	199
5.2.4	校正偏色的商品图片	93	10.2.3	设计世界读书日开屏广告	201
5.2.8	美化旅游风景照	95	10.2.4	设计《皮影艺术》书籍封面	202
5.3.6	制作商品款式图	99	10.3.1	设计智慧农业 Banner	204
6.1.3	设计梦幻风格的儿童节海报	107	10.3.3	设计消防安全宣传折页	205
6.1.5	设计水晶质感的网页按钮	110	10.3.4	设计空瓶行动 H5 页面	207
6.2.4	设计个人名片	115	10.4.2	设计粽子详情页	210
6.2.7	设计产品升级标签	118	10.4.4	设计月饼包装盒	215
6.3.3	设计企业宣传三折页	119	10.4.5	设计"双 11"大促广告	217
6.3.6	设计"青花瓷"文字标志	122	—	—	—

除上述所列的资源，本书还提供大量的拓展设计资源，包括图片设计素材、笔刷素材、形状样式素材等，同样可以在人邮教育社区本书主页中获取。

四、本书编者

本书由宗莲松、何凯霖担任主编，陈绣英、朱丹担任副主编，胡东风、王敏参编。尽管本书经过了编者和出版社编辑的精心审读，但恐百密之中仍有疏漏，敬请广大读者、专家批评指正。

编　者

2025 年 7 月

目录

第4章
绘制与修饰图像

第5章
图像调色

第8章
应用滤镜

第9章
切片、批处理与帧动画

第10章
综合案例

第 **1** 章

图形图像处理基础知识

本章导读

　　图形与图像作为视觉传达的核心要素，其在现代设计领域中的重要性不言而喻，它们不仅是信息的载体，更是创意与美学的重要表现。本章将系统地介绍图形与图像基础知识，详细阐述相关专业术语，明确设计师的岗位职责与要求，帮助设计师奠定坚实的基础。此外，鉴于人工智能（Artificial Intelligence，AI）技术的快速发展，本章亦将介绍对视觉设计有影响力的AIGC（Artificial Intelligence Generated Content，AIGC）工具，帮助设计师适应技术变革，保持竞争力，成为行业中的佼佼者。

学习目标

1. 熟悉图形图像的概念、像素与分辨率、颜色模式和图形图像文件格式。
2. 知晓设计师的岗位需求与岗位职责、能力要求与素质要求。
3. 熟悉 AIGC 图像处理技术，能够使用 AIGC 工具获取设计灵感、生成设计文案、生成和编辑图像。

案例展示

1. 请思考图形与图像的区别是什么，并举例说明它们在不同行业或领域中的应用。

2. 你如何看待 AIGC 技术在图像处理领域的发展？它会对设计师的工作产生哪些影响？

3. 请分析以下图片，分别判断每张图片是用 AIGC 工具生成的，还是实拍的。

1.1　图形与图像

　　在现代设计中，无论是绘制图形，还是处理图像，首先要了解图形与图像的基础知识，深刻理解影响图形与图像质量的因素，确保设计作品的视觉呈现达到较好的状态。

1.1.1　图形与图像的概念和区别

　　广义上，图像一般是各种图形和影像的总称，是物体透射或反射的光信息，经人眼视觉系统在大脑中形成的印象或认识，其中"图"是物体的光信息分布，"像"是人大脑中的印象。但在计算机中，图形与图像是两个不同的概念，它们在创建、加工处理、存储、表现方式等方面有所不同。

1. 图形

　　计算机中的图形多指由一系列点通过计算机指令组成的直线或曲线所构成的矢量图形。构成图形的点和线可被称为对象，每个对象都是单独的个体，具有大小、方向、轮廓、颜色和位置等属性。由于矢量图形被无限放大或缩小时不影响清晰度，且文件占用空间小，因此适用于进行高分辨率印刷。图 1-1 所示为矢量图形原图及放大后的效果。

2. 图像

　　计算机中的图像多指位图，也叫点阵图，是通过相机、手机等设备拍摄的图像，由单个像素点组成。位图能逼真地显示物体的光影和色彩，位图中单位面积内像素越多，分辨率就越高，图像效果就越好，但文件占用空间也会比较大。图 1-2 所示为位图原图及放大后的效果，位图放大到一定程度后，图像将模糊不清。

图1-1　矢量图形原图及放大后的效果

图1-2　位图原图及放大后的效果

1.1.2　像素与分辨率

像素与分辨率是两个密不可分的重要概念，它们共同决定了图形与图像的大小，同时也和图形与图像的清晰度密切相关。

- **像素**。像素（Pixel，px）是构成图像的最小单位，每个像素在图像中都有自己的位置，并且包含了一定的颜色信息。单位面积内的像素越多，颜色信息越丰富，图像的清晰度越高，图像文件也会越大。
- **分辨率**。分辨率是指单位长度上的像素数目，其单位通常为"像素/英寸"和"像素/厘米"。分辨率越高，包含的像素越多，图像越清晰。

技巧经验

图像用于屏幕显示时，其分辨率可以设置为72像素/英寸；用于喷墨打印机打印时，其分辨率可以设置为100～150像素/英寸；用于印刷时，其分辨率可设置为300像素/英寸。分辨率的设置并非一定不变的，当图像文件的尺寸足够大时，可以适当降低分辨率，避免图像文件过大影响正常操作和文件传输速度。

1.1.3　图像的颜色模式

图像的颜色模式决定了其色彩的显示效果，也决定了其在计算机中显示或打印输出的方式。常见的图像颜色模式有以下 8 种。

- **RGB 颜色模式**。RGB 颜色模式通过对 Red（红）、Green（绿）、Blue（蓝）三个颜色通道的变化和它们相互之间的叠加来得到各种不同的颜色，也是最常用的颜色模式之一。图 1-3 所示为 RGB 颜色模式图像。
- **CMYK 颜色模式**。CMYK 颜色模式是印刷时使用的一种图像颜色模式，主要由 Cyan（青）、Magenta（品红）、Yellow（黄）和 Black（黑）4 种颜色组成。为了避免和 RGB 颜色模式中的蓝色混淆，CMYK 颜色模式中的黑色用 K 表示。若需要印刷在 RGB 颜色模式下制作的图像，必须将其转换为 CMYK 颜色模式。
- **灰度模式**。在灰度模式图像中，每个像素都有一个介于 0（黑色）到 255（白色）的亮度值。当彩色图像转换为灰度模式图像时，图像中的色相及饱和度将被删除，只保留亮度与暗度，从而得到纯正的黑白图像。图 1-4 所示为灰度模式图像。
- **位图模式**。位图模式是指由黑、白两种颜色来表示图像的颜色模式，适合制作艺术样式或用于创作单色图像。只有处于灰度模式的图像才能转换为位图模式，并且图像的颜色信息会丢失，只保留亮度信息。图1-5所示为位图模式图像。

- **双色调模式**。双色调模式是指用灰度油墨或彩色油墨来渲染灰度模式图像的模式。双色调模式采用两种彩色油墨混合其色阶来创建由双色调、三色调及四色调混合色阶组成的图像。图1-6所示为双色调模式图像。

图1-3　RGB颜色模式图像 　　　图1-4　灰度模式图像 　　　图1-5　位图模式图像 　　　图1-6　双色调模式图像

- **索引颜色模式**。索引颜色模式是指系统预先定义好一个含有256种典型颜色的颜色对照表，当彩色图像转换为索引颜色模式图像时，系统会将该图像的所有色彩映射到颜色对照表中，如果彩色图像中的颜色在颜色对照表中没有对应颜色，系统则会从颜色对照表中挑选出最相近的颜色来表现。因此索引颜色模式通常被当作存放彩色图像中的颜色，并为这些颜色创建颜色索引的工具。
- **Lab 颜色模式**。Lab 颜色模式将明暗和颜色数据分别存储在不同位置，修改图像的亮度并不会影响图像的颜色，调整图像的颜色同样不会影响图像的亮度，这是 Lab 颜色模式在调色中的优势。在 Lab 颜色模式中，L 表示图像的亮度，如果只调整明暗度，可只调整 L 通道；a 表示由绿色到红色的光谱变化；b 表示由蓝色到黄色的光谱变化。
- **多通道模式**。在多通道模式下，图像包含多种灰阶通道。将图像转换为多通道模式图像后，系统将根据原图像产生一定数目的新通道，每个通道均由256级灰阶组成。在进行特殊打印时，使用多通道模式可以降低印刷成本，并保证图像颜色正确输出。

1.1.4　常见的图形图像文件格式

不同的图形图像的文件格式具有不同的特点，设计师应根据需要选择合适的格式，常用的文件格式有以下几种。

- **PSD（*.psd）格式**。它是 Photoshop 软件默认生成的文件格式，是唯一能支持全部图像颜色模式的格式。以 PSD 格式保存的图像包含图层、通道、颜色模式等信息。
- **TIFF（*.tif；*.tiff）格式**。它是一种支持 RGB 颜色模式、CMYK 颜色模式、灰度模式、位图模式和 Lab 颜色模式等，而且在 RGB 颜色模式、CMYK 颜色模式和灰度模式中支持 Alpha 通道使用的文件格式。

- BMP（*.bmp；*.rle；*.dib）**格式**。它是标准的位图文件格式，支持 RGB 颜色模式、灰度模式、位图模式和索引颜色模式，但不支持 Alpha 通道的使用。
- GIF（*.gif）**格式**。它是由 CompuServe 公司提供的一种格式，此格式可以进行 LZW 压缩（一种无损数据压缩算法），从而使图像文件占用较少的磁盘空间。
- EPS（*.eps）**格式**。该格式可用于存储图形或图像，它的显著优点是能在排版软件中以较低的分辨率预览，在打印时以较高的分辨率输出。它支持 Photoshop 中所有的颜色模式，但不支持 Alpha 通道的使用。
- JPEG（*.jpg；*.jpeg；*.jpe）**格式**。它是一种支持 RGB 颜色模式、CMYK 颜色模式和灰度模式的文件格式。使用 JPEG 格式保存的图像会被压缩，图像文件会变小，同时会丢失部分不易被察觉的色彩。
- PDF（*.pdf；*.pdp）**格式**。它是 Adobe 公司用于 Windows、Mac OS、UNIX 和 DOS 系统的一种电子出版格式，包含电子文档查找和导航功能。
- PNG（*.png）**格式**。PNG 格式支持带一个 Alpha 通道的 RGB 颜色模式和灰度模式，用 Alpha 通道来定义文件中的透明区域。

1.2 AIGC与图像处理应用

随着信息技术的飞速发展，AI 已成为推动社会进步和产业升级的关键力量，它以前所未有的速度改变着我们的生活与工作方式，特别是在图像处理方面，利用 AI 生成内容越来越普遍。

1.2.1 什么是AI与AIGC

AI 是指由人类制造出来的智能系统，它能够模拟、延伸和扩展人的智能。而 AIGC 是指运用 AI 技术，创建各类数字内容的新型内容创作模式。作为一种革命性的内容创作模式，AIGC 引领着人工智能领域的新一轮变革，能够利用先进的深度学习与自然语言生成技术，实现从简单文本到复杂多媒体内容的全面自动化生成。AIGC 的特点如下。

- **自动化生产**。AIGC 能够自动解析设计师指令，快速生成所需内容，省去烦琐的人工编辑环节，极大地提升创作效率与灵活性。
- **创意驱动**。借助大模型、AI 深度学习与优化能力，AIGC 能够持续探索新的创作路径，生成引人入胜的内容，满足设计师日益增长的个性化需求。
- **全方位展示**。无论是静态图像、动态视频，还是音频、代码等，AIGC 都能轻松生成，为设计师提供丰富多彩的内容体验。同时，它还能根据设计师反馈实时调整内容策略，确保内容与设计师的需求完美匹配。
- **持续进化**。依托大数据与云计算技术，AIGC 能够不断吸收新知识、优化算法模型，实现内容与技术的双重迭代升级。这种持续进化的能力，使得 AIGC 在激烈的市场竞争中始终保持领先地位。

1.2.2　AI生成创意和文案

在创意和文案方面，AI强大的文本生成能力不仅帮助设计师显著提升了内容生产的效率，更为设计师提供了全新的创作路径和灵感源泉。在设计作品的初期阶段，创意往往是最宝贵的资源，文案则与完善设计作品、传递画面信息密切相关。AIGC工具可以分析海量的数据，包括历史作品、设计师偏好、市场趋势等，从而生成具有创新性和针对性的建议。

1. 常用的AIGC创意和文案生成工具

在生成创意和文案方面，常用的AIGC工具如下。

- ChatGPT。ChatGPT是由美国人工智能研究实验室OpenAI开发的一种基于AI技术驱动的自然语言处理工具，能够进行自然、流畅的对话生成，且在对话中能够联系先前的对话内容，实现上下文理解，从而具备连续对话的能力。ChatGPT的主要功能包括但不限于文本生成、聊天、语言问答、语言翻译、文案生成、脚本撰写等。
- 文心一言。文心一言是百度公司倾力打造的一款知识增强大语言模型，它作为百度在人工智能领域的重要成果，不仅具备与人对话、回答问题、协助创作等基本功能，更在知识增强、检索增强和对话增强等方面表现出色。文心一言能够深入理解设计师意图，提供精准、有价值的回答，帮助设计师高效便捷地获取信息和灵感。
- 讯飞星火。讯飞星火是由科大讯飞推出的一款全能型人工智能助手，融合了问答、写作、绘画等多种核心功能，旨在为使用者提供便捷、高效、智能的服务。讯飞星火的应用场景非常广泛，包括智能客服、智能写作、智能问答、语言学习等。
- 通义。通义是由阿里巴巴自主研发的语言模型，能够理解并生成自然语言，完成多种语言任务，包括但不限于文本创作、信息检索、问题解答、语言理解等。
- 天工。天工是由昆仑万维集团与北京奇点智源科技有限公司联合研发的超大规模人工智能模型，拥有自然语言处理和智能交互的能力，能够满足使用者的文案创作、知识问答、代码编程、逻辑推演、数理推算等多元化需求。

2. 提问方法

在AI生成创意和文案方面，设计师如果没有头绪，可以尝试按照以下方法，迅速高效地整理出合适的提示词，从而使AIGC工具输出比较理想、准确的结果。

- "3S"提问法。3S提问法（见图1-7）的第1个"S"是指确定清晰且明确的主题（Subject）。第2个"S"是指确定行文风格（Style），行文风格可以用题材来确定（如小说、剧本、营销文案等），也可以用修辞方法来确定（如比喻、拟人等），还

图1-7　"3S"提问法

可以用表达方式来确定（如书面语、口语等），甚至可以用人称来确定（如第一人称、第二人称、第三人称等）。第 3 个 "S" 是指确定文案的结构（Structure），尤其是文案较长时，可以指定文案的组成部分或小标题。

- **明确目标＋细化要求＋交代背景＋设置约束条件**。首先，你要明确 AI 生成的目标是什么，接下来细化要求，包括内容的具体细节、风格、情感色彩等要求；也可以提供背景信息，以帮助 AI 更好地理解你的需求，并生成更符合你期望的内容；或者设定一些约束条件，如避免使用某些词、保持内容的原创性、赋予 AI 某种身份、站在某个角度、字数限制等。

职业素养

AI 技术在各个领域发挥着越来越重要的作用，包括但不限于医疗、教育、交通、娱乐等。同时，AI 技术也引发了一些法律法规、伦理、行业准则等方面的问题和争议，设计师在使用 AI 技术时，必须严格遵守《中华人民共和国网络安全法》《生成式人工智能服务管理暂行办法》的相关规定，严禁利用 AI 技术生成违反法律法规、损害社会公共利益，甚至引发社会不稳定的不良内容。

1.2.3　AI 生成图像

AI 生成图像也叫作 AI 绘画，AI 通过机器学习和深度学习等技术，能自动生成具有艺术价值的图像。通过 AI 生成图像，设计师可以更轻松地尝试各种各样的创意，创造出更多个性化的艺术作品。

1. 图像生成方式

AI 生成图像的方式非常多样，各大 AIGC 工具中的生成方式的名称也不完全相同，但大体上可以分为文生图、图生图、线稿生图。

- **文生图**。这是指通过文字描述来生成图像。利用这种功能，设计师只需输入一段描述性的文字，AIGC 工具就能根据这段文字，生成与之匹配的图像。
- **图生图**。这是指通过一张已有的图像来生成与之相关的图像。利用这种功能，设计师只需提供一张源图像，AIGC 工具就能根据这张图像的内容、风格和特征，生成新的图像。图 1-8 所示为使用图生图功能生成的多张风格相似的日出图像。

图1-8　图生图

· **线稿生图**。利用这种功能，设计师只需上传一张基础线稿，AIGC工具便会利用图像识别技术，精确地捕捉线稿中的所有线条，然后利用先进的着色和补全算法，自动为图像填充色彩并增添细节，如图1-9所示。

图1-9　线稿生图

2. 常用的 AIGC 绘画工具

目前，用于绘画的 AIGC 工具非常多，较为常用的有以下几种。

· **Stable Diffusion**。Stable Diffusion 是一款开放源代码的图像生成 AIGC 工具，其中有大量的绘画模型可以免费下载使用，设计师可以自由探索、定制和扩展其功能，无须花费额外的成本。

· **Midjourney**。Midjourney 是一款功能强大的 AI 绘画工具，该工具允许设计师输入文字，然后会快速、稳定地根据文字内容生成各种风格的高质量图片。另外，Midjourney 中文站是专为中文设计师提供的平台，设计师借助该平台可以更方便地了解和使用 Midjourney。

· **通义万相**。通义万相是阿里云推出的通义系列中的 AIGC 绘画工具，它依靠机器学习、深度学习以及自然语言处理技术，具备强大的图像生成与编辑功能，主要包括文字作画、涂鸦作画、相似图生成、风格迁移、艺术字设计、视频生成等功能，可满足设计师多样化的图像创作需求。

· **即梦 AI**。即梦 AI 是北京抖音信息服务有限公司旗下剪映团队研发的一站式 AIGC 平台，具备图像生成、视频生成、智能画布、故事创作等功能。在图像生成方面，即梦 AI 支持通过文字描述及添加参考图来生成高质量的图像，且具备细节修复、局部重绘、扩图、消除笔等图片智能编辑功能。

> **知识补充**
>
> 关于 AI 绘画作品的版权问题，不同的 AIGC 工具的规定有所不同。Midjourney 规定，设计师使用免费版生成的图像不可以商用，而使用付费版生成的图像可以商用。而 Stable Diffusion 的情况比较复杂，因为其中很多模型是互联网上的众多设计师自行创建的，是否可以商用要看模型的具体情况。

3. 常用提示词

引导 AIGC 工具生成理想的图像内容，设计准确且高效的提示词至关重要，这些提示词通常包括场景描述、艺术风格、艺术家风格、构图、视角、光线、材质等方面的内容。

- **场景描述**。场景描述是指用文字来表达所期望的画面背景，它往往包含时间、地点、主体及事件4个要素。但这4个要素并非每次都需要全部出现，设计师可以根据实际需要灵活组合。如果只有一个大致的主题，却没有想好画面的具体场景，设计师可以借助 AIGC 工具辅助生成所需的场景描述，如图 1-10 所示。由于场景描述通常无固定模板，故在此处说明，表 1-1 中不再举例。

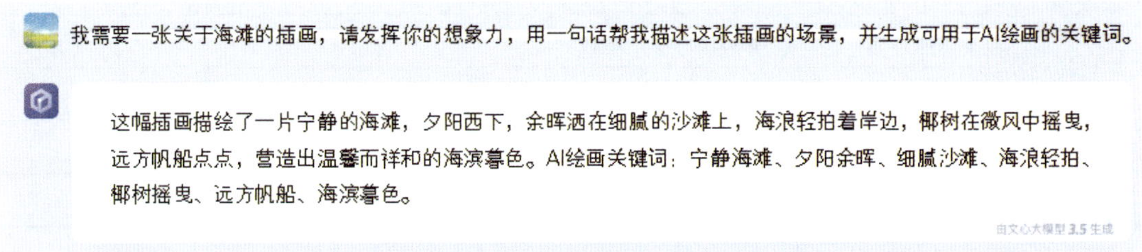

我需要一张关于海滩的插画，请发挥你的想象力，用一句话帮我描述这张插画的场景，并生成可用于AI绘画的关键词。

这幅插画描绘了一片宁静的海滩，夕阳西下，余晖洒在细腻的沙滩上，海浪轻拍着岸边，椰树在微风中摇曳，远方帆船点点，营造出温馨而祥和的海滨暮色。AI绘画关键词：宁静海滩、夕阳余晖、细腻沙滩、海浪轻拍、椰树摇曳、远方帆船、海滨暮色。

由文心大模型3.5生成

图1-10 借助AIGC工具辅助生成所需的场景描述

- **艺术风格**。在构思和编写提示词的过程中，确认艺术风格是赋予作品灵魂和个性的重要环节。艺术风格不是色彩或形状的简单堆砌，而是深入作品内核的审美选择，确认艺术风格要求设计师能精准表达出对图像审美倾向的要求，直接关系到 AI 绘画作品能否触动人心、引发共鸣。
- **艺术家风格**。设计师如果比较注重借鉴某个艺术家的独特创作手法和审美视角，如凡·高的狂野笔触、毕加索的几何分割技法、莫奈的光影变幻技法等，可以在提示词中加入艺术家的姓名，让 AIGC 工具模仿该艺术家的创作手法，使创作出的 AI 绘画作品呈现出该艺术家的个人特色和精神内涵。
- **构图**。构图提示词是用于指导 AIGC 工具在创作过程中安排画面元素、构建视觉结构的重要指令，涵盖了从基础的构图形式到具体的视角和效果等内容。
- **视角**。视角提示词用于指导 AIGC 工具生成图像时从特定的视角来呈现画面，可以帮助 AIGC 工具理解设计师希望从哪个角度来呈现画面，从而生成更符合要求的图像。
- **光线**。光线提示词是用于指导和调整画面光线效果的特定词语或短语，涵盖光线的类型、强度、方向、色彩以及所产生的视觉效果等多个方面，便于实现对光线效果的精细控制。
- **材质**。材质对于创造真实和丰富的视觉效果至关重要。加入材质提示词不仅能够增强图像的质感，还能在 AI 绘画作品中表达不同的情感和氛围。

使用 AIGC 工具生成图像的常用提示词如表 1-1 所示。

表1-1 使用AIGC工具生成图像的常用提示词

艺术风格	现实主义风格、抽象主义风格、印象派风格、野兽派风格、立体主义风格、中国画风格、浮世绘风格、未来主义风格、二次元风格、迪士尼风格、水彩画风格、波普艺术风格、扁平化风格、极简主义风格、赛博朋克风格等
艺术家风格	吴冠中风格、徐悲鸿风格、毕加索风格、莫奈风格、凡·高风格、宫崎骏风格等
构图	中心对称构图、轴对称构图、黄金分割构图、九宫格构图、三分法构图、一点透视构图、二点透视构图、曲线与直线构图、几何形状构图等
视角	第一人称视角、背视角（从后面看）、鱼眼镜头、鸟瞰视角、远景、全景、中景、近景、特写、大特写等

光线	柔光、硬光、自然光、前光、聚光灯、阴影、亮度、高光、轮廓光、高对比度、低对比度、发光效果、镜头光晕、暖光线、冷光线、霓虹灯光等
材质	金属类材质：金、银、铜、铁、钛、铝、生锈金属、抛光钢铁等
	岩石与自然材质：花岗岩、大理石、砂岩、石灰岩等
	水与冰材质：海浪、冰晶、霜冻、水面等
	木材与纤维材质：原木、实木、桃花心木、竹子、棉织物、柔软棉布、丝滑绸缎等
	珠宝类材质：各种彩色宝石、钻石、翡翠、珍珠、水晶、玛瑙、琥珀等
	玻璃与透明材质：彩色玻璃、晶莹剔透的玻璃质感、朦胧的磨砂玻璃、透明塑料等

1.2.4 AI编辑图像

AIGC 工具除了具备图像生成功能外，还可以对图像进行自动化处理，如高清放大、内容替换与擦除、扩图、自动抠图和换背景、风格迁移等。这些强大的功能不仅显著提升了图像处理的效率，还能够为设计师带来更丰富的创作手段和可能性，从而激发设计师的创作灵感，拓展艺术表现的边界。

很多 AIGC 工具都具有图像编辑功能，如 Midjourney、360 智绘、神采 AI 等，常见的图像编辑功能主要如下（不同平台中同一种功能的名称可能不完全相同）。

· **尺寸外扩**。该功能又称图像扩展，不仅能够扩大图像的尺寸，还能在扩展区域智能生成与原图风格统一的新内容，从而无缝地实现对原图的扩展，如图 1-11 所示。

图1-11 尺寸外扩

· **图片融合**。该功能又称图片叠加，是指将两张或多张图片叠加在一起，通过融合图片的主体、构图、风格或色调等方面，创造出新颖、独特的新图片。AIGC 工具中常见的风格迁移功能就是图片融合功能的拓展应用之一，其支持多种艺术风格、特效的转换。

· **智能抠图**。该功能是指自动识别并抠出图片中的主体部分，然后去除背景或替换背景，可以快速、批量地抠图，即使面对背景复杂或细节丰富的图片也能确保抠取的主体边缘清晰。

· **高清放大**。该功能又称画质增强、无损放大，能够在不损失图像质量的前提下，有效提升图像的分辨率和放大图像尺寸。这克服了使用传统图像放大方法时常出现的模糊、失真等问题，确保图像在放大后依然保持清晰和细节完整，能够更好地满足高清显示、大幅面打印等需求。

- **涂抹替换**。该功能又称智能消除，可以擦除或替换图片中特定区域的内容，同时保持图片的整体美观度和连贯性。有的AIGC工具（如神采AI）不仅可以实现内容的擦除与替换，还可以进行局部修复、重新上色、物体插入和材质替换。

1.3 设计师的岗位与要求

在现代设计领域，设计师扮演着至关重要的角色，不仅负责创造出能够传达信息、具有吸引力的视觉内容，还需要确保这些视觉内容符合客户需求。作为连接艺术与技术的桥梁，设计师需要明确自身的岗位职责与要求。

1.3.1 岗位需求与岗位职责

设计师的岗位需求随着设计行业的发展不断变化，但核心需求始终体现为以下几个方面。

- **创意**。具备出色的创意构思能力，能够提出新颖独特的设计方案。
- **软件技能**。熟练掌握Photoshop等图像设计软件和AIGC工具的用法，能够高效地进行设计创作。
- **审美素养**。拥有良好的审美意识和色彩搭配能力，能够设计出符合客户需求的视觉作品。
- **沟通协作**。能够与客户、项目经理和其他团队成员有效沟通，确保设计需求得到准确满足。

随着人们审美水平的提高和市场竞争的加剧，广告、互联网、新媒体、出版、电商、影视等多个行业对设计师的需求持续增长。作为团队中的创意人员，设计师的核心职责如下。

- **品牌视觉塑造**。根据品牌理念，设计并维护统一的视觉识别系统，包括标志、色彩搭配、排版风格等。
- **界面与用户体验设计**。运用Photoshop等工具，设计出直观、美观的用户界面，确保用户体验流畅且富有吸引力。
- **创意广告与营销材料制作**。制作各类线上线下广告、宣传册、海报等，有效传达产品或服务信息。
- **设计趋势研究与创新**。持续关注设计趋势，探索新技术、新材料的应用，为作品注入新的内涵。

1.3.2 能力要求与素质要求

除了需要了解岗位职责，设计师还需要具备一定的专业能力。

- **设计实操能力**。熟练运用各类设计软件，熟悉AIGC工具的操作方法，能够高效地将设计需求、设计构思转化为实际的设计作品。
- **创新与审美能力**。拥有独特的创意思维和敏锐的美学感知，能够设计出具有吸引力和竞争力的视觉作品。
- **学习能力与适应能力**。能够快速适应行业和市场的新技术、新趋势，不断提升自己的设计水平和技能。

除了专业能力，设计师还需要具备良好的个人素质，以便更好地履行岗位职责，提升工作效率。设计师的素质要求主要包括以下几个方面。

- **责任心与敬业精神**。对待工作认真负责，具备高度的敬业精神，确保设计作品的高质量。
- **耐心与细心**。在设计过程中注重细节并耐心调整，确保设计作品的完美呈现。
- **团队合作精神**。具备强烈的团队合作意识，能够与团队成员高效协作，共同完成任务。
- **持续创新**。勇于尝试新的设计方法和理念，不断提升自己的设计水平和创新能力。

课堂实训

实训1　使用通义获取广告设计灵感

实训目标

一家专注于生产环保材料的初创公司"绿源生活"准备设计一系列广告，以推广使用可再生资源制成的日用品，如竹制牙刷、生物降解垃圾袋等，旨在减少塑料污染，保护环境。为产出既能吸引目标消费者注意又能传达品牌核心价值的广告，设计师准备先利用 AIGC 工具寻找设计灵感，同时加深对可持续发展和社会责任的理解，如图 1-12 所示。

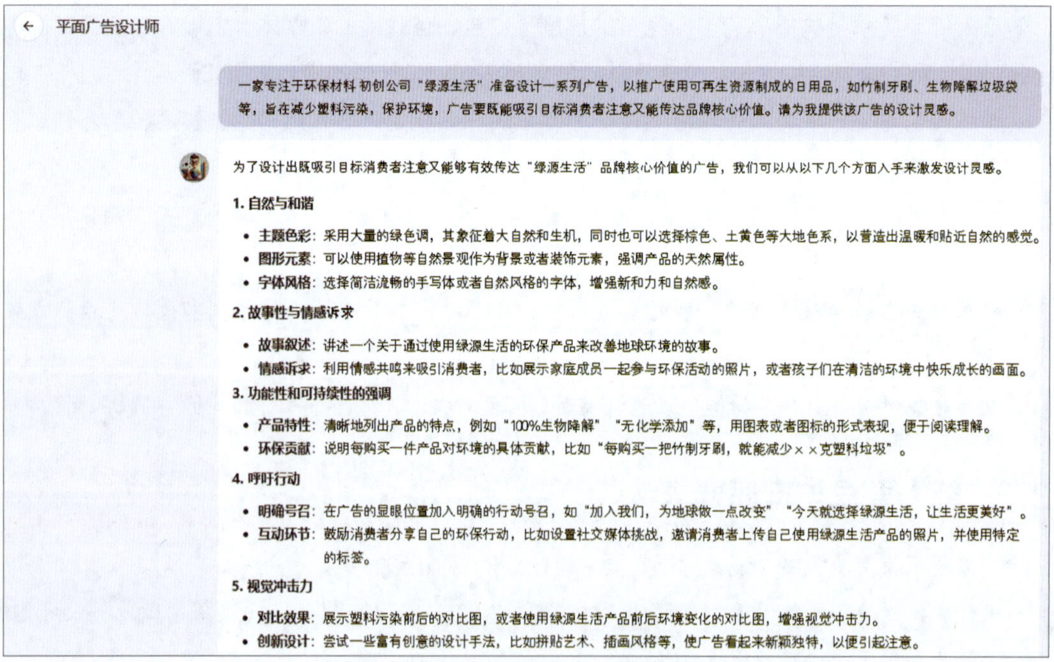

图1-12　使用通义获取广告设计灵感

实训思路

步骤 01　进入通义官网首页，在页面左侧单击"智能体"按钮 ⚇，然后在页面顶部搜索"广告设计"关键词，检索出适合广告设计的智能体。

步骤 02　选择一个检索结果，如"平面广告设计师"，打开新的对话页面，在底部的对话框中输入文字内容，包括对广告设计背景、要求的描述。

步骤 03　单击◀按钮发送文字内容，通义将做出回复，提供广告设计灵感，后续还可根据其回复继续深入。

> 📋 **知识补充**
>
> 通义的"智能体"功能赋予了 AIGC 工具更多的"人格"特征，旨在为用户提供更为精准和个性化的服务。该功能通过模拟人类的思维模式和情感反应，能够更有针对性地理解问题和提供回答，从而满足用户生活和工作中的多种需求，如教育辅助、办公支持、健康指导、文案创作、绘画设计、旅行规划、法律顾问等，其在对中文环境、本地化服务和国情政策的理解上展现出明显的优势。

实训2　使用即梦AI生成超现实主义手机壁纸

实训目标

《星月夜》是荷兰后印象派画家凡·高的代表作之一，凡·高以夸张的手法生动地描绘了充满动感和变化的星空，风格鲜明。请借鉴这幅画的风格，结合现代都市夜晚街景，生成超现实主义手机壁纸，参考效果如图 1-13 所示。

图1-13　超现实主义手机壁纸参考效果

【效果位置】配套资源 :\ 效果文件 \ 第 1 章 \"超现实主义手机壁纸"文件夹

实训思路

步骤 01　进入即梦 AI 官网首页，在左侧"AI 创作"栏中单击"图片生成"选项卡，输入文字描述，如输入"凡·高的星空，现代都市，街景，远景，仰拍视角"。

步骤 02　在下方设置图片生成参数，可设置生图模型为"图片 2.0 Pro"，精细度为"5"，图片比例为"9 ∶ 16"。

步骤03　单击左下角的 立即生成 按钮，即梦 AI 将生成一组图片（默认为 4 张）。

课后练习

练习1　使用通义万相生成古风人像

运用通义万相的文字作画功能生成古风人像，要求采用水墨风格，主角为梳传统发型、身着传统服装的中国古典女性，尺寸不限，参考效果如图 1-14 所示。

图1-14　古风人像参考效果

【效果位置】配套资源：\效果文件\第 1 章\"古风人像"文件夹

练习2　使用Midjourney智能消除图片水印

某网店重新上架了一款热销的中式摆件商品，现需要为底部带有"已售罄"水印的商品图片消除水印，可以使用 Midjourney 工具箱中的 AI 消除笔功能消除水印，参考效果如图 1-15 所示。

图1-15　智能消除图片水印参考效果

【素材位置】配套资源：\素材文件\第 1 章\中式摆件 .jpg
【效果位置】配套资源：\效果文件\第 1 章\中式摆件 .png

第 2 章

Photoshop 2023快速入门

本章导读

　　Photoshop是Adobe公司旗下的一款图像处理软件，其功能强大，被广泛运用于摄影后期修图、平面设计、广告设计、UI设计、印刷和出版等领域。在使用Photoshop前，设计师需要先了解Photoshop的基础知识，熟悉Photoshop的基本操作等，以便提高效率，更好地处理图像和设计作品。

学习目标

1. 熟悉 Photoshop 的应用领域和工作界面。
2. 掌握关于图像文件的基本操作。
3. 掌握调整图像大小和变换图像的方法。
4. 掌握关于图层的基本操作。

案例展示

1. 下载并安装 Photoshop 2023，尝试进行一些简单的操作，如打开图片、新建文件等。
2. 请欣赏下列节日海报，分析画面的组成元素，以及它们之间的层次关系。

2.1　认识Photoshop 2023

　　在处理图形与图像之前，设计师需要先认识 Photoshop，了解其应用领域，并熟悉其工作界面的各组成部分，为使用 Photoshop 做好准备。

2.1.1　Photoshop的应用领域

　　Photoshop 作为一款功能强大的图像处理软件，其应用领域广泛，涵盖从专业的艺术设计到日常的创意编辑等多个方面，不仅为设计师提供了无限的创意空间，也成为众多行业中不可或缺的工具。

- **平面视觉设计**。平面视觉设计是集创意、构图和色彩于一体的艺术表达形式，不仅注重表面的视觉美观，还要传达出要表达的具体信息。使用 Photoshop 可以满足平面视觉设计的各种要求，制作出内容丰富的平面作品。图 2-1 所示为平面广告。

- **数字绘画**。数字绘画具有绚丽多彩、视觉冲击力强的特点，因此成为视觉传达中不可或缺的表达手法，其广泛性和大众性在很大程度上影响着大众的审美取向。利用 Photoshop，我们不但可以在计算机上绘制出逼真的传统绘画效果，还能制作出真实画笔无法实现的特殊效果。图 2-2 所示为风景插画。

- **UI 设计**。UI（User Interface，用户界面）设计是指对软件的人机交互、操作逻辑和界面进行整体设计，包括软件界面设计、网站界面设计等。随着 IT 行业的快速发展，以及移动设备和智能设备的逐渐普及，企业和个人用户对网站和产品的交互设计愈加重视，UI 设计在交互设计中的应用也越来越广泛。使用 Photoshop 可以制作具有真实质感和特殊效果的用户界面，规划好每一部分的内容和作用。图 2-3 所示为 App 界面。

图2-1　平面广告

图2-2　风景插画

图2-3　App界面

- **电商美工设计**。电商美工设计主要是指为网店进行装修设计，通过板块划分、商品广告设计等，从视觉上快速提升网店的形象，帮助网店树立品牌，以吸引更多消费者进店浏览，最终促进交易的达成。使用 Photoshop 可以快速修复商品图片的拍摄缺陷，并制作出网店需要的店招、主图和详情页等内容，增强网店的视觉效果。图 2-4 所示为电饭煲详情页焦点图。

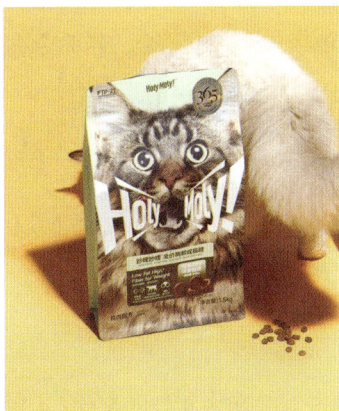

- **包装设计**。包装设计是指选用合适的包装材料，根据产品的特性及消费者喜好等相关因素，运用巧妙的工艺，对产品包装进行全方位设计。产品包装设计包含产品容器、产品内外包装、产品吊牌和标签，以及运输包装与礼品包装等方面的设计。Photoshop 在包装设计平面图绘制、立体包装效果制作、包装色彩搭配和包装画面布局等方面的表现都十分出色。图 2-5 所示为猫粮包装设计。

- **书籍装帧设计**。书籍装帧设计包含选择开本、装帧形式、纸张材料，设计封面、腰封、字体、版式、色彩、插图等多个环节。Photoshop 常用于处理和优化书籍插图、设计封面、制作特殊效果等。图 2-6 所示为书籍装帧设计。

图2-4　电饭煲详情页焦点图

图2-5　猫粮包装设计

图2-6　书籍装帧设计

- **图像后期处理**。Photoshop 是对数码照片和效果图进行后期处理时常用的工具，可用于修饰和修复数码照片，调整建筑、产品、景观等的效果图的色彩和光效，使其效果更加出众。

2.1.2　Photoshop的工作界面

启动 Photoshop 2023，可打开图 2-7 所示的工作界面，该界面主要由菜单栏、工具属性栏、标题栏、工具箱、面板组、图像编辑区、上下文任务栏和状态栏组成。

图2-7　Photoshop 2023的工作界面

1.　菜单栏

菜单栏由"文件""编辑""图像""图层""文字""选择""滤镜""3D""视图""增效工具""窗口""帮助"12 个菜单项组成，每个菜单项包含多个命令。若命令右侧标有▶符号，表示该命令还有子菜单；若命令呈灰色，则表示该命令没有激活，或当前不可用。

2.　工具属性栏

工具属性栏默认位于菜单栏的下方。选择工具箱中的某个工具时，工具属性栏将显示该工具的参数设置情况。

3.　标题栏

标题栏位于图像编辑区上方，可显示当前图像文件的名称、格式、显示比例、颜色模式、所属通道和图层状态，以及"关闭"按钮×。如果当前显示的图像文件未被存储过，则标题栏中的文件的名称为"未命名 连续的数字"。

4．工具箱

工具箱中的所有工具如图2-8所示，可以用于绘制图像、修饰图像、创建选区、调整图像显示比例等。工具箱的默认位置在工作界面左侧，将鼠标指针移动到工具箱顶部，按住鼠标左键不放并拖曳鼠标指针，可将工具箱拖曳到界面其他位置。

单击工具箱顶部的 按钮，可将工具箱中的工具以双列方式排列。单击工具箱中的工具按钮，可选择该工具。若工具按钮右下角有 符号，表示该工具位于一个工具组中，其下还有隐藏工具，在该工具按钮上按住鼠标左键不放或单击鼠标右键，即可显示该工具组中的所有工具。

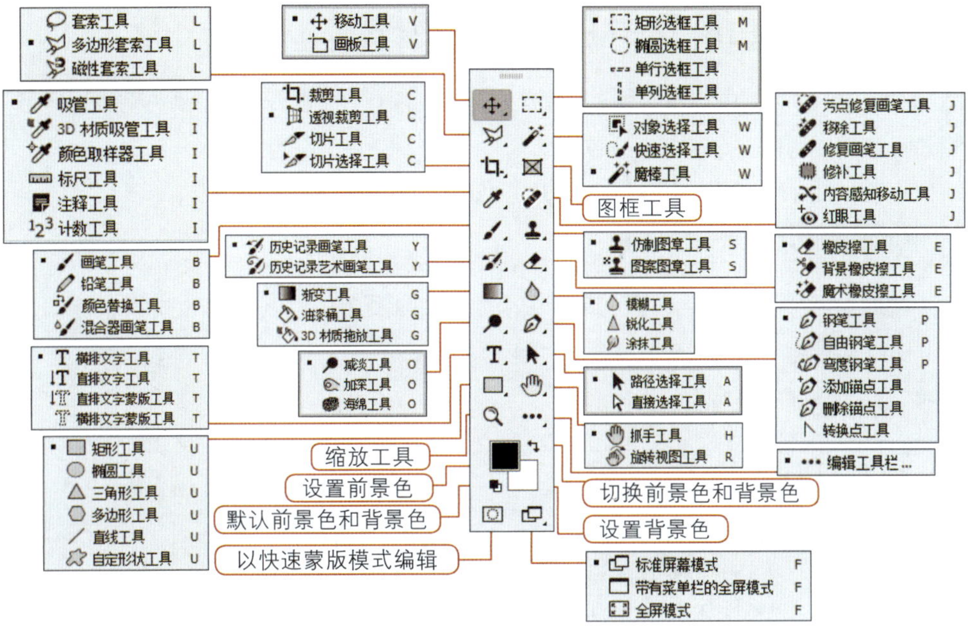

图2-8　工具箱中的所有工具

5．面板组

面板组是 Photoshop 工作界面中非常重要的组成部分，在其中可进行选择颜色、编辑图层、新建通道、编辑路径和撤销编辑等操作。在 Photoshop 中，可在"窗口"菜单项中打开和隐藏各种面板，还可将鼠标指针移动到面板组的顶部标题处，按住鼠标左键不放并拖曳鼠标指针，以移动面板组的位置。另外，在面板组的选项卡上按住鼠标左键不放并拖曳鼠标指针，可将当前面板拖离该组。单击面板组左上角的"展开面板"按钮 ，可打开隐藏的面板组；单击"折叠为图标"按钮 ，可还原为图标模式。

6．图像编辑区

图像编辑区是 Photoshop 中用于添加或处理图像的区域，也是预览当前图像视觉效果的区域。

7. 上下文任务栏

上下文任务栏用于显示与当前工作流程密切相关的后续步骤。例如，当选择了一个对象时，上下文任务栏会显示在图像编辑区下方，并提供可能的后续步骤选项，如选择主体、移除背景等。

8. 状态栏

状态栏位于图像编辑区的底部，左边显示当前图像的显示比例，在其中输入数值并按【Enter】键可改变图像的显示比例；中间显示当前图像的大小。单击右边的 › 按钮，在弹出的菜单中选择任一命令，相应的信息就会显示在中间区域。

2.2 关于图像文件的基本操作

设计师在 Photoshop 中创作作品时，首先要新建或打开一个图像文件，然后对其进行各种操作，完成后可进行打印或保存操作。

2.2.1 新建与打开图像文件

启动 Photoshop，进入开始界面，单击该界面左侧的 新建 按钮，或选择【文件】/【新建】命令，或按【Ctrl+N】组合键，打开"新建文档"对话框（见图2-9），设置宽度、高度、分辨率等参数后，单击 创建 按钮即可新建一个对应的文件。

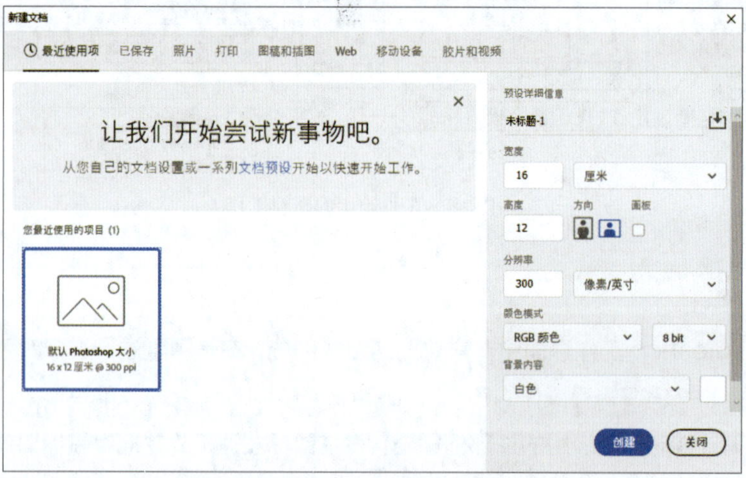

图2-9 "新建文档"对话框

在 Photoshop 中打开图像文件的方法较多，可根据具体情况，选择合适的打开方法。

· 选择【文件】/【打开】命令，或按【Ctrl+O】组合键，都可打开"打开"对话框，在对话框中选择需要打开的文件，单击 打开(O) 按钮。

· 选择【文件】/【打开为】命令，或按【Shift+Ctrl+Alt+O】组合键，打开"打开"对话框，在"文件名"文本框右侧的下拉列表中选择需要的扩展名，再单击 打开(O) 按钮。

· Photoshop 默认记录最近打开过的 20 个文件，因此，可选择【文件】/【最近打开文件】命令，在弹出的子菜单中选择需要打开的文件。

· 选择【文件】/【打开为智能对象】命令，打开"打开"对话框，在对话框中选择需要打开的文件，单击 打开(O) 按钮，此时文件将以智能对象的形式打开。智能对象是一个嵌入原始文件的文件，编辑智能对象不会对原始文件产生影响。

2.2.2　置入与导出图像文件

若需要在图像文件中添加其他素材，可进行置入操作：选择【文件】/【置入嵌入对象】命令，打开"置入嵌入的对象"对话框，选择需要置入的文件，单击 置入(P) 按钮，可将所选文件的内容置入当前文件中。置入的新文件内容将自动放置在图像编辑区中间，调整其大小和位置后，按【Enter】键完成置入。

完成设计或图像处理后，可选择【文件】/【导出】命令，在打开的子菜单中有多种导出任务，如快速导出为 PNG、导出为、导出首选项、存储为 Web 所用格式（旧版）等，设计师可根据所要导出图像文件的内容、范围、格式等要素，选择合适的命令进行导出。

2.2.3　查看图像文件

需要精确查看文件中某个区域的图像时，可通过以下方式实现。

· "导航器"面板。选择【窗口】/【导航器】命令，打开"导航器"面板，左右拖曳"导航器"面板底部的滑块，或单击"缩小"按钮 ▲ 和"放大"按钮 ▲，可缩小与放大图像。

· 缩放工具。选择缩放工具 🔍，将鼠标指针移至图像编辑区中，当鼠标指针变为 🔍 时，单击将放大图像；在工具属性栏中单击"缩小"按钮 🔍，或按住【Alt】键不放，此时鼠标指针将变为 🔍，单击将缩小图像。

· 抓手工具。选择抓手工具 ✋，将鼠标指针移至图像编辑区中，当鼠标指针变为 ✋ 时，按住鼠标左键不放并拖曳鼠标指针，文件的显示区域将顺着拖曳轨迹调整，并且不改变图像的大小。

· 旋转视图工具。选择旋转视图工具 🔄，直接在图像编辑区中拖曳鼠标指针可旋转视图，也可在工具属性栏中设置图像旋转角度。

2.2.4　使用辅助工具

Photoshop 提供标尺、参考线和网格等辅助工具，如图 2-10 所示，可辅助对齐图像、切片图像、布局排版画面等。

1. 标尺

标尺常用于测量、对齐和布局对象，选择【视图】/【标尺】命令，或按【Ctrl+R】组合键，在图像编辑区顶部和左侧将分别显示水平标尺和垂直标尺。再次选择相同命令，或按【Ctrl+R】组合键可隐藏标尺。

2. 参考线

参考线主要用于精准定位对象。在 Photoshop 中添加参考线有以下两种方法。

- **通过标尺创建参考线。** 显示标尺后，将鼠标指针移动到上方的标尺上，按住鼠标左键不放并向下拖曳鼠标指针可创建水平参考线。将鼠标指针移至左侧的标尺上，按住鼠标左键不放并向右拖曳鼠标指针可创建垂直参考线。
- **通过命令创建参考线。** 选择【视图】/【新建参考线】命令，打开"新建参考线"对话框，在"取向"栏中单击选中"水平"单选项或"垂直"单选项，在"位置"文本框中设置参考线的位置，单击 确定 按钮。

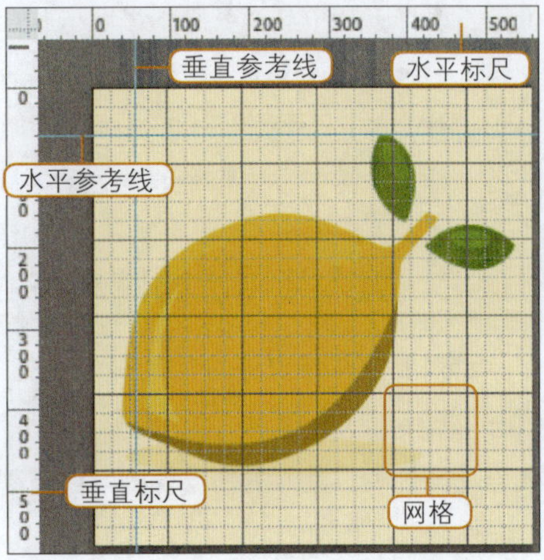

图2-10　标尺、参考线和网格等辅助工具

此外，Photoshop 还默认启用智能参考线，帮助设计师对齐图像、形状、切片和选区。选择【视图】/【显示】/【智能参考线】命令，使该命令前显示 ✔ 标记，表示已启用智能参考线，此后在绘制形状、选区及切片时，Photoshop 将自动显示参考线。

3. 网格

网格可以在编辑和排列对象时，起到精准定位的作用。默认情况下，Photoshop 不会显示网格，需要选择【视图】/【显示】/【网格】命令显示网格。再次选择【视图】/【显示】/【网格】命令可隐藏网格。

> **知识补充**
>
> 　　网格和参考线浮动在图像编辑区上，并不会被打印出来，导出图片时也不会显示，因此不会对图像造成影响。选择【编辑】/【首选项】/【参考线、网格和切片】命令，可以调整网格和参考线的颜色。设计师可选用较为清晰、与画面颜色相差较大的颜色作为网格和参考线的颜色，以免造成对画面效果的误判。

2.2.5　撤销与恢复操作

如果在 Photoshop 中执行操作后，发现操作后的效果不合适，可执行撤销与恢复操作。

- **使用命令撤销与恢复文件。** 选择【编辑】/【还原】命令，或按【Ctrl+Z】组合键，可还原到上一步的操作。如果需要取消还原操作，可选择【编辑】/【重做】命令。需要注意的是："还原"和"重做"操作都只针对一步操作，在实际编辑过程中经常需要还原多步操作，此时可选择【编辑】/【后退一步】命令，或按【Ctrl+Alt+Z】组合键来逐一进行还原操作。若想取消还原多步操作，则可选择【编辑】/【前进一步】命令，或按【Shift+Ctrl+Z】组合键。
- **使用"历史记录"面板撤销与恢复文件。** "历史记录"面板用于记录编辑图像中产生的所有操作，使用该面板可以快速进行还原和重做操作。选择【窗口】/【历史记录】命令，可打开"历史记录"面板，在其中可选择需要撤销或恢复的操作。

2.2.6　打印图像文件

完成设计后，可将作品打印出来，以便预览和传播。选择【文件】/【打印】命令，或按【Ctrl+P】组合键，打开"Photoshop 打印设置"对话框（见图 2-11），在左侧可预览需要打印的文件；在右侧可选择匹配的打印机，设置打印的份数和版面，如横排显示或竖排显示，单击 打印(P) 按钮，便可进行文件的打印操作。

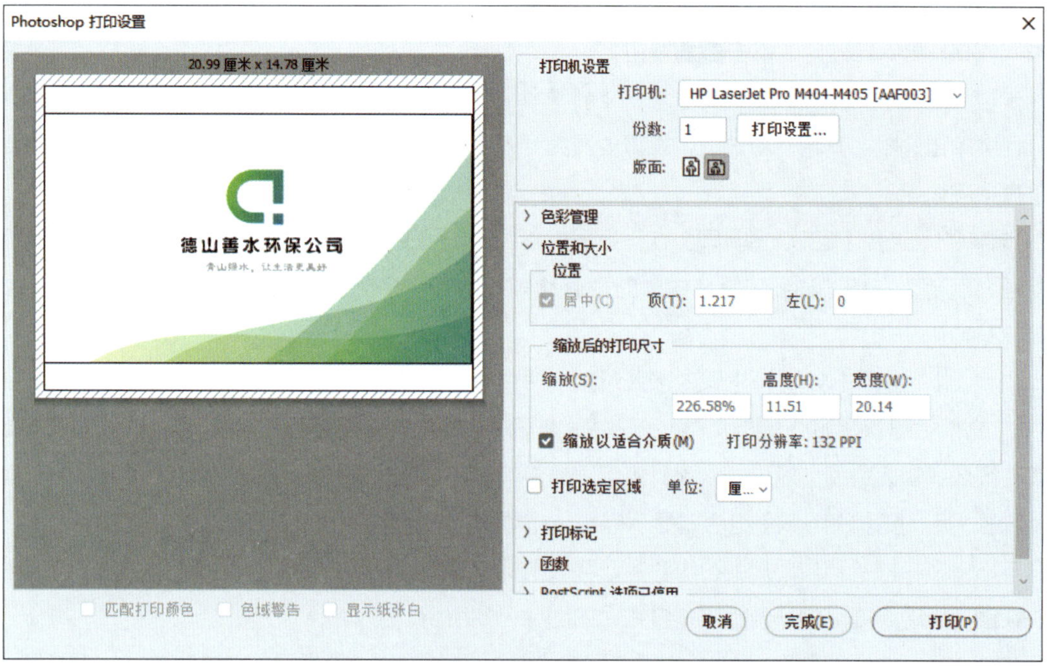

图2-11　"Photoshop 打印设置"对话框

若需要详细设置打印信息，如纸张规格、纸张来源、是否双面打印、打印页数等，可单击 打印设置... 按钮，在打开的对话框中设置对应的打印信息。

2.2.7　保存与关闭图像文件

选择【文件】/【存储】命令，或按【Ctrl+S】组合键，可直接保存当前图像文件。如果是第一次保存图像文件，在选择【文件】/【存储】命令后，会打开"存储为"对话框，在其中需设置文件名、格式、存储位置，再单击 保存(S) 按钮，才能存储图像文件。另外，若选择【文件】/【存储为】命令或按【Shift+Ctrl+S】组合键，无论是不是第一次保存，都将打开"存储为"对话框，在其中可存储文件副本。

关闭图像文件时，直接单击当前图像文件标题栏右侧的"关闭"按钮×，或选择【文件】/【关闭】命令，或按【Ctrl+W】组合键，或按【Ctrl+F4】组合键，均可关闭当前图像文件。选择【文件】/【关闭全部】命令，或按【Ctrl+Alt+W】组合键，可关闭在 Photoshop 中打开的所有图像文件。选择【文件】/【退出】命令，或按【Ctrl+Q】组合键，或单击 Photoshop 工作界面右上角的 × 按钮，可在关闭图像文件的同时退出 Photoshop。

2.2.8　课堂案例：制作家居企业画册内页

微课视频

制作家居企业
画册内页

为家居企业画册制作一个 57 厘米 ×21 厘米的内页，要求采用简约风格，适当留白，运用 Photoshop 的基本操作和辅助工具排版家居图片和文字，并将内页导出为 JPG 图片，整体效果要具有视觉吸引力。具体操作如下。

步骤 01　启动 Photoshop 2023，按【Ctrl+N】组合键，打开"新建文档"对话框，设置名称、宽度、高度、分辨率分别为"家居企业画册内页""57 厘米""21 厘米""300 像素 / 英寸"，单击 创建 按钮。

步骤 02　选择【视图】/【参考线】/【新建参考线】命令，打开"新建参考线"对话框，在"取向"栏中单击选中"垂直"单选项，设置位置为"28.5 厘米"，单击 确定 按钮，可在中央位置创建一条垂直参考线。

步骤 03　选择"矩形工具" ▢，在工具属性栏中设置填充颜色为"#ef8e3a"，描边为"无颜色"，沿着画布底部、左侧、顶部边缘及中央的垂直参考线绘制一个橙色矩形，将当前画面一分为二，如图 2-12 所示。

步骤 04　选择【文件】/【置入嵌入对象】命令，打开"置入嵌入的对象"对话框，选择"家居1.jpg"文件（配套资源 :\ 素材文件 \ 第 2 章 \ 家居 1.jpg），单击 置入(P) 按钮，置入的素材将被自动放置在图像编辑区中间，通过调整素材的定界框将其缩小，并将其移动到左上方，按【Enter】键。

步骤 05　按【Ctrl+R】组合键显示标尺，将鼠标指针移动到上方的标尺上，按住鼠标左键不放并向下拖曳鼠标指针至与图片上边缘对齐，释放鼠标左键即可在该处添加一条水平参考线。使用相同方法在图片下边缘处添加一条水平参考线，如图 2-13 所示。

步骤 06　置入"家居 2.jpg"文件（配套资源 :\ 素材文件 \ 第 2 章 \ 家居 2.jpg），调整其大小和位置，使其上下边缘分别对齐两条水平参考线，如图 2-14 所示，然后按【Enter】键。

图2-12　沿参考线绘制背景　　　　图2-13　添加参考线　　　图2-14　沿参考线调整图片

步骤 07　为避免现有的参考线干扰后续排版，可选择【视图】/【参考线】/【清除参考线】命令去除所有参考线，然后按照与前面相同的方式，在白色背景中置入其他家具图片（配套资源 :\ 素材文件 \ 第 2 章 \ 家居 3.jpg、家居 4.jpg、家居 5.jpg），并利用参考线排版，如图 2-15 所示。

步骤 08　按【Ctrl+;】组合键隐藏参考线，按【Ctrl+O】组合键打开"打开"对话框，选择"内页文案 .psd"文件（配套资源 :\ 素材文件 \ 第 2 章 \ 内页文案 .psd），单击 打开(Q) 按钮。选择"移动工具" ✥，按住【Shift】键不放，在"图层"面板中单击所有图层将其全部选中，按住鼠标左键不放，将鼠标指针拖曳至"家居企业画册内页"文件标题栏，然后继续拖曳鼠标指针至图像编辑区，释放鼠标左键，即可将文案添加到画册中，再调整其大小和位置，效果如图 2-16 所示。

步骤 09　使用相同的方法打开"内页装饰 .psd"文件，并进行添加。

图2-15　利用参考线排版

图2-16　跨文件添加文案素材的效果

步骤 10　选择【文件】/【导出】/【导出为】命令，打开"导出为"对话框，在右上方的"文件设置"栏中设置格式为"JPG"，单击 导出 按钮，打开"另存为"对话框，选择保存位置后，单击 保存(S) 按钮即可导出 JPG 图片（配套资源:\ 效果文件 \ 第 2 章 \ 家居企业画册内页 .jpg）。

步骤 11　按【Ctrl+S】组合键，打开"存储为"对话框，选择保存位置和保存类型，单击 保存(S) 按钮，保存 PSD 格式的源文件（配套资源:\ 效果文件 \ 第 2 章 \ 家居企业画册内页 .psd）。家居企业画册内页的最终效果如图 2-17 所示。

图2-17　家居企业画册内页的最终效果

2.3　调整图像大小与变换图像

若当前图像的尺寸不符合要求，可调整图像或画布的大小，或裁剪图像。若想要改变图像的位置、角度、形状等，则可进行变换图像操作。

2.3.1　调整图像大小

图像大小由图像的宽度、长度、分辨率决定，若要进行调整，可选择【图像】/【图像大小】命令，打开"图像大小"对话框（见图 2-18）。该对话框的"调整为"下拉列表中提供了一些定义好的图像尺寸和标准的纸张尺寸，也可以载入预设尺寸或自定义尺寸。在"宽度 / 高度"数值框中可改变图像的宽度、高度。单击"不约束长宽比"按钮 ，将取消"宽度"和"高度"数值的比例约束，当改变其中一项数值时，另一项不会按相同比例进行改变。

图2-18　"图像大小"对话框

2.3.2　调整画布大小

　　画布类似于在现实中绘画所用的画板，Photoshop 中，画布越大，图像中能编辑的区域就越广。虽然 Photoshop 默认画布与图像的大小相同，但实际上画布的大小可以大于或小于图像，以便进行其他内容的添加和编辑。在调整画布大小时可选择【图像】/【画布大小】命令，打开"画布大小"对话框，如图 2-19 所示。

　　在"画布大小"对话框中，"当前大小"栏用于显示当前图像画布的实际大小；而"新建大小"栏则用于设置画布的"宽度"和"高度"，默认为当前大小。如果设定的"宽度"和"高度"数值大于图像的尺寸，Photoshop 会在原图像的基础上增大画布面积；反之，则减小画布面

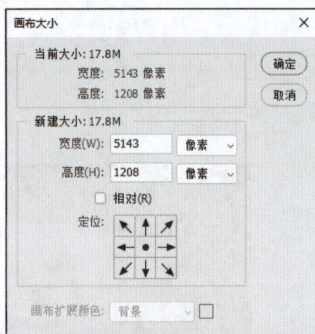

图2-19　"画布大小"对话框

积。单击选中"相对"复选框，则"新建大小"栏中的"宽度"和"高度"数值表示的是在原画布的基础上增大或减小的尺寸（而非调整后的画布尺寸），正值表示增大尺寸，负值表示减小尺寸。而单击"定位"栏中的不同的方格，可指示当前图像在新画布上的位置。在"画布扩展颜色"下拉列表中可选择扩展画布后填充画布的颜色；也可单击该下拉列表右侧的颜色块，在打开的"拾色器（画布扩展颜色）"对话框中自定义画布颜色。

2.3.3　裁剪工具

　　对于图像中多余的画面，可以通过裁剪操作删除，在裁剪过程中还可旋转图像。当图像并无透视问题，且需要将图像裁剪成矩形时，可使用"裁剪工具" ⬚ 裁剪图像。"裁剪工具"属性栏如图 2-20 所示。选择"裁剪工具" ⬚，在工具属性栏中设置参数时，图像上将出现一个裁剪框，将鼠标指针移至裁剪框的边界上，当鼠标指针变为 ↔ 状态时，拖曳裁剪框边界可调整裁剪框范围；将鼠标指针移至裁剪框四角外侧，当鼠标指针变为 ↻ 状态时，拖曳鼠标指针可旋转图像，最后按【Enter】键或单击 ✔ 按钮可完成裁剪操作。

图2-20　"裁剪工具"属性栏

- **预设长宽比或裁剪尺寸**。 在 `1:1(方形) ∨` 下拉列表中提供了裁剪的预设长宽比和裁剪尺寸。
- **设置裁剪框的长宽比**。 在 `1 ⇄ 1` 数值框中可输入自定义的约束比例数值。单击 ⇄ 按钮，可交换两个数值框内的数值。
- **清除** 按钮。 单击该按钮可清除已设置的长宽比值。
- **"拉直"按钮** 。 单击该按钮，然后在图像上绘制一条直线，可拉直图像，常用于校正倾斜的图像。
- **"设置裁剪工具的叠加选项"按钮** 。 单击该按钮，在弹出的下拉菜单中可设置裁剪工具的叠加选项。
- **"设置其他裁切选项"按钮 ✿**。 单击该按钮，在弹出的下拉菜单中可设置裁切选项参数。
- **删除裁剪的像素**。 该复选框默认被选中，执行裁剪操作后将删除裁剪框外的图像；取消选中该复选框后，执行裁剪操作后将保留裁剪框外的图像并将其隐藏起来。
- **填充**。 在该下拉列表中可选择数值，如果裁剪框大小大于图像，Photoshop可利用内容识别技术智能填充多出的区域。
- **⬙ 按钮**。 单击该按钮，可复位裁剪框、图像旋转及长宽比设置。
- **🚫 按钮**。 单击该按钮，可取消裁剪操作。
- **✔ 按钮**。 单击该按钮，可执行裁剪操作。

2.3.4　透视裁剪工具

如果要裁剪的图像存在透视问题，可使用"透视裁剪工具" 裁剪该图像，以校正透视。选择"透视裁剪工具" ，"透视裁剪工具"属性栏如图2-21所示。将鼠标指针移至图像编辑区上，单击确定第一个点，再依次确定图像的其他3个点，从而创建矩形裁剪框，按【Enter】键或单击✔按钮可完成裁剪操作。

图2-21　"透视裁剪工具"属性栏

- W/H。 可在该数值框中设置裁剪图像的宽度和高度。
- **分辨率**。 可在该数值框中设置分辨率数值和单位。
- `前面的图像` 按钮。 单击该按钮，可使待裁剪图像与示例图像保持同样的规格。
- `清除` 。 单击该按钮，可以清除属性栏的数值。
- **显示网格**。 选中该复选框后，裁剪图像时将在裁剪框内显示网格。

2.3.5　课堂案例：制作女包主图

某网店上新了一批女包，现提供了主图模板和商品拍摄图像，设计师需要通过裁剪图像和调整图像大小的方式制作女包主图，要求主图尺寸为800像素×800像素，分辨率为72像素/英寸，风格时尚，色彩和谐，商品呈现效果美观、突出。具体操作如下。

微课视频

制作女包主图

27

步骤 01　打开"女包 .jpg"文件（配套资源 :\ 素材文件 \ 第 2 章 \ 女包 .jpg），发现其比例不符合主图要求。选择"裁剪工具" ![icon]，此时图像编辑区中将显示裁剪框，在工具属性栏中设置裁剪尺寸为"1：1（方形）"，将鼠标指针移至裁剪框内，按住鼠标左键向上拖曳鼠标指针，裁剪图像，如图 2-22 所示，然后按【Enter】键完成裁剪操作。

步骤 02　选择【图像】/【图像大小】命令，打开"图像大小"对话框，先设置分辨率为"72像素 / 英寸"，宽度和高度将自动随之变化，但仍不是需要的尺寸，此时再设置宽度、高度均为"800像素"，如图 2-23 所示，单击 确定 按钮。

图2-22　裁剪图像

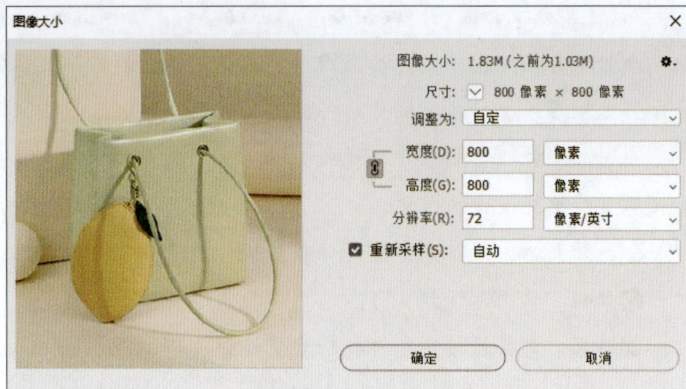

图2-23　调整图像大小

步骤 03　置入"主图边框 .png"文件（配套资源 :\ 素材文件 \ 第 2 章 \ 主图边框 .png），调整其大小至与画布等大，女包主图最终效果如图 2-24 所示。

步骤 04　按【Ctrl+S】组合键，打开"存储为"对话框，选择保存位置后，设置名称为"女包主图"，单击 保存(S) 按钮保存文件（配套资源 :\ 效果文件 \ 第 2 章 \ 女包主图 .psd）。

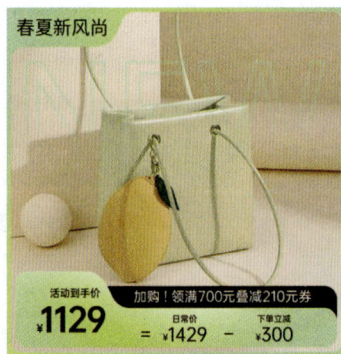

图2-24　女包主图最终效果

🎓 **职业素养**

　　制作商品主图时须遵守相关电商平台的尺寸规范。商品主图设计的重点在于突出商品核心卖点，确保商品图像大小适中，文案信息尽量简洁、直观、精炼，通过对文案、展示场景或布局的创意性设计，让商品主图脱颖而出。此外，商品主图设计需要严格遵循《广告法》、电商平台的规定，帮助商品、品牌和网店树立良好的形象，避免出现违反规定或误导消费者的视觉元素。

AIGC 应用 一键生成商品主图

一键生成商品主图是AIGC技术在电商设计领域的一项重要应用，如文心一言的"商品图"功能、Midjourney的"AI商品图"功能、创客贴的"AI商品图"功能、稿定AI的"商品主图"功能，这些功能能够根据设计师上传的商品图片，以及设置的要求、商品图效果描述，自动分析、理解并快速生成高质量、吸引人的商品主图。部分AIGC工具还可以根据商品类型自动生成与之匹配的推荐场景，实现商品与场景的高度融合，呈现出更加和谐的效果。这种方法相较于传统拍摄，可以大大降低制作成本。

操作方法：上传包含商品的图片后，选择场景、风格、光影等模板，或自定义想要的效果背景，AIGC工具将自动抠取商品并生成商品主图。有的AIGC工具会直接根据商品类别自动匹配合适的商品主图样式，并智能生成文案，无须设计师手动设置。

示例：

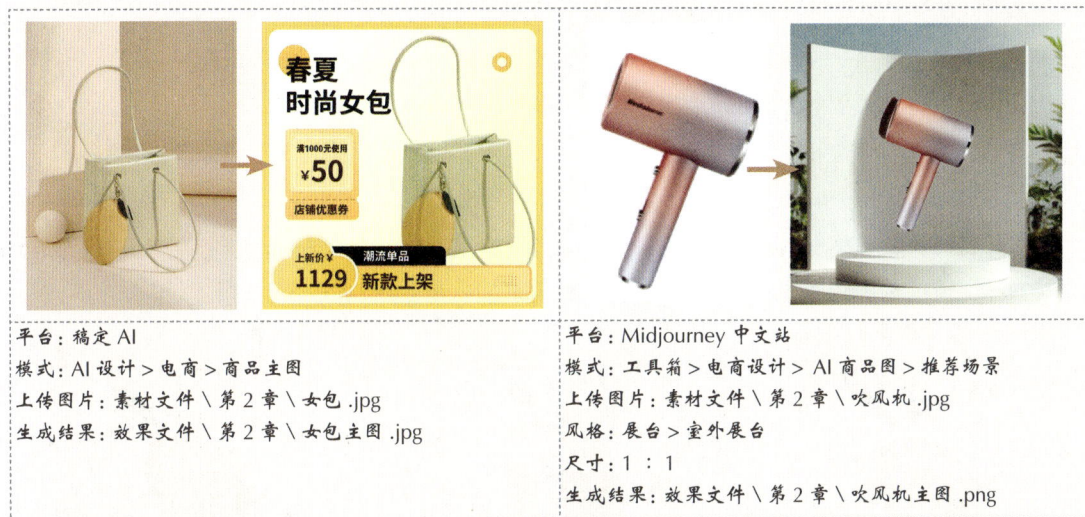

平台：稿定AI
模式：AI设计>电商>商品主图
上传图片：素材文件\第2章\女包.jpg
生成结果：效果文件\第2章\女包主图.jpg

平台：Midjourney中文站
模式：工具箱>电商设计>AI商品图>推荐场景
上传图片：素材文件\第2章\吹风机.jpg
风格：展台>室外展台
尺寸：1：1
生成结果：效果文件\第2章\吹风机主图.png

2.3.6 变换图像

进行变换图像操作可以自由调整图层和选区中的图像，使其更符合需求。变换图像前需要先选中图层，或创建选区选取图像，变换完成后按【Enter】键确认。若按【Esc】键可取消变换图像，并使其恢复到变换前的状态。

- 缩放图像。选择【编辑】/【变换】/【缩放】命令；或按【Ctrl＋T】组合键，可显示蓝色的定界框，如图2-25所示，再将鼠标指针移至定界框右上角的控制点上，当其变成 状态时，按住鼠标左键不放并拖曳鼠标指针，可缩放图像，如图2-26所示。
- 旋转图像。选择【编辑】/【变换】/【旋转】命令；或按【Ctrl＋T】组合键，再将鼠标指针移至定界框的任意一角上，当其变为 状态时，按住鼠标左键不放并拖曳鼠标指针，可旋转图像，如图2-27所示。
- 斜切图像。选择【编辑】/【变换】/【斜切】命令；或按【Ctrl＋T】组合键，再单击鼠标右键，在弹出的快捷菜单中选择"斜切"命令，将鼠标指针移至定界框的任意一边上，当其变为 状态时，按住鼠标左键不放并拖曳鼠标指针，可斜切图像，如图2-28所示。

| 图2-25 显示蓝色的定界框 | 图2-26 缩放图像 | 图2-27 旋转图像 | 图2-28 斜切图像 |

- 扭曲图像。选择【编辑】/【变换】/【扭曲】命令；或按【Ctrl＋T】组合键，再单击鼠标右键，在弹出的快捷菜单中选择"扭曲"命令，将鼠标指针移至定界框的任意一角上，当其变为▷状态时，按住鼠标左键不放并拖曳鼠标指针，可扭曲图像，如图2-29所示。

- 透视图像。选择【编辑】/【变换】/【透视】命令；或按【Ctrl＋T】组合键，再单击鼠标右键，在弹出的快捷菜单中选择"透视"命令，将鼠标指针移至定界框的任意一角上，当其变为▷状态时，按住鼠标左键不放并拖曳鼠标指针，可改变图像的透视关系，如图2-30所示。

- 变形图像。选择【编辑】/【变换】/【变形】命令；或按【Ctrl＋T】组合键，单击鼠标右键，在弹出的快捷菜单中选择"变形"命令，定界框上将出现网格线和控制杆，鼠标指针将变为▷状态，通过拖曳网格线或控制杆，可使图像变形，如图2-31所示。

| 图2-29 扭曲图像 | 图2-30 改变图像的透视关系 | 图2-31 使图像变形 |

2.3.7 课堂案例：生成装饰画并制作应用场景效果图

某装饰画店铺准备设计一幅以"竹"为主题的中国风装饰画，并将其运用在新中式风格的室内空间设计中。为节约成本、提高效率，该店准备采用 AIGC 工具生成装饰画，然后使用 Photoshop 制作装饰画应用场景效果图。具体操作如下。

步骤 01　进入即梦 AI 官网首页，在左侧"AI 创作"栏中单击"图片生成"选项卡，在页面左上方输入"水墨画，竹，竹林，淡雅，竹影斑驳，石径通幽，中国风，山水，古风，传统，复古，淡雅，浅淡，色彩具有层次感"。

步骤 02　在页面左侧设置生图模型为"图片 3.0"，图片比例为"16：9"，图片尺寸为"1360×760"，单击左下角的 立即生成 按钮，即梦 AI 将生成图片。

步骤 03　选择想要的图片效果，将鼠标指针移至该图片左下角，单击"超清"按钮 HD ，如图 2-32 所示。

图2-32　选择图片并生成超清版本

步骤 04　即梦 AI 将为该图片生成超清版本，将鼠标指针移至该图片右上角，单击"下载"按钮 ，如图 2-33 所示（配套资源 :\ 效果文件 \ 第 2 章 \ 装饰画 .png ）。

步骤 05　在 Photoshop 中打开"室内空间 .jpg"文件（配套资源 :\ 素材文件 \ 第 2 章 \ 室内空间 .jpg ），在其中置入刚刚下载的图片，选择【编辑】/【变换】/【扭曲】命令，拖曳图片四角，使其完全贴合装饰画框，如图 2-34 所示。

图2-33　单击"下载"按钮

图2-34　使图片完全贴合装饰画框

步骤 06　按【Enter】键确认变换操作，按【Ctrl+S】组合键，打开"存储为"对话框，选择保存位置后，设置文件名称为"装饰画应用场景效果图"，单击 保存(S) 按钮保存文件（配套资源 :\ 效果文件 \ 第 2 章 \ 装饰画应用场景效果图 .psd ）。装饰画及其应用场景的最终效果如图 2-35 所示。

图2-35　装饰画及其应用场景的最终效果

🏷 **职业素养**

中国风是中华优秀传统文化和艺术的一种表现形式，强调和谐、自然与人文精神的融合。而"竹"在中华优秀传统文化中象征着坚韧、不屈、高洁、纯净、谦逊与淡泊，是水墨画中的常见题材。在中国风的室内空间设计和装饰画设计中，"竹"常被用作装饰元素，以表达主人的品格和追求。作为设计师，我们既要学习"竹"的精神，也要在设计中多融入我国的传统绘画形式。

2.4 关于图层的基本操作

在 Photoshop 中，一个设计作品通常由多个图层组合而成，这些图层类似于独立的透明胶片，每一张胶片上都呈现图像的一部分内容，将所有胶片按顺序叠加起来，便可以看到完整的图像。设计师掌握关于图层的基本操作，可以更好地运用图层处理图像和设计作品。

2.4.1 认识图层和"图层"面板

Photoshop 中的图层是用于组织和编辑图像的一种功能。每个图层都相当于一个透明的薄膜，可以独立地添加、编辑，而不会影响其他图层上的内容。每个图层都可以包含图像、文字、形状、效果等元素，设计师能够单独编辑和控制这些元素，如可轻松地添加或删除图像的某个部分，调整图像的亮度、对比度、色彩等。另外，设计师还可以通过图层在不破坏原始图像的情况下，对图像进行非破坏性的编辑，以使其更加灵活和可控。

若想查看和管理图层，设计师则需要在"图层"面板中进行相关操作，"图层"面板如图 2-36 所示。在该面板中进行相关操作，可以清晰展现各个图层的类型和状态。

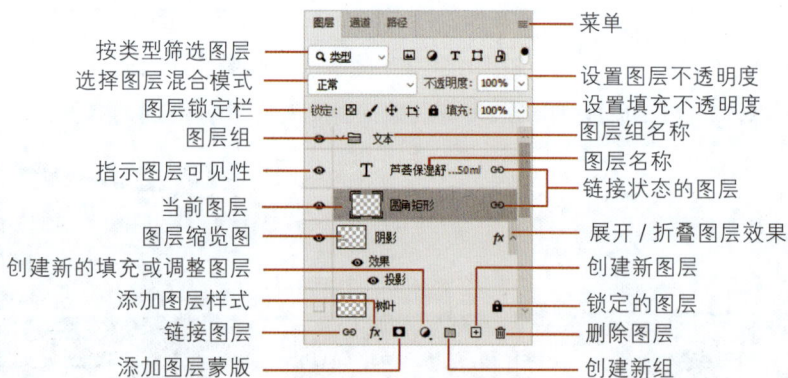

资源链接：
"图层"面板各选项和按钮的含义详解

图2-36 "图层"面板

2.4.2 新建图层

图层中可以包含的元素非常多，图层类型也很多，而且不同类型图层的新建方法也有所差别。图 2-37 所示为常用的图层类型。

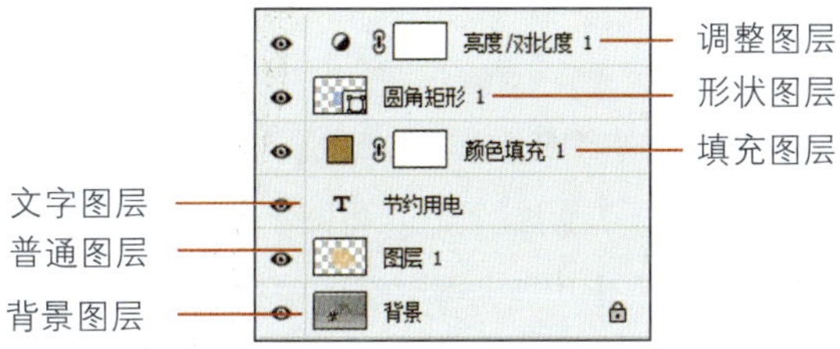

图2-37　常用的图层类型

- **新建文字图层**。在Photoshop中输入文字时将自动生成文字图层，并且文字的属性和内容可以二次编辑。使用文字工具组中的"横排文字工具" T.或"直排文字工具" IT.，在图像编辑区中输入文字，"图层"面板上将自动新建文字图层。

- **新建普通图层**。普通图层一般是空白图层，并且可以任意编辑，如调整透明度、删除和调整顺序等。单击"图层"面板底部的"创建新图层"按钮□，或者选择【图层】/【新建】/【图层】命令，打开"新建图层"对话框，在其中设置图层名称等参数后单击 确定 按钮，便可新建一个普通图层。

- **新建背景图层**。新建文件时，Photoshop会自动新建一个背景图层，该图层始终位于"图层"面板底层，且已被锁定。每个Photoshop文件只能存在一个背景图层，当文件中没有背景图层时，选择一个图层，选择【图层】/【新建】/【图层背景】命令，可将当前图层转换为背景图层。

📓 知识补充

由于Photoshop中的背景图层默认被锁定，因此不能进行重命名、移动等操作。若要编辑背景图层，需要先将其转换为普通图层。其操作方法为：在"图层"面板中双击最下方的"背景"图层，打开"新建图层"对话框，保持设置不变，单击 确定 按钮。

- **新建调整图层**。如果要调整图层中图像的颜色和色调，但不想对图像中的像素造成实质影响，则可以创建调整图层，此时位于调整图层下方的所有图层都会受到该调整图层的影响。单击"图层"面板底部的"创建新的填充或调整图层"按钮●，在弹出的下拉菜单中选择所需的调整图层命令；或选择【图层】/【新建调整图层】命令，在弹出的子菜单中选择所需的调整图层类型命令，可创建对应的调整图层。

- **新建形状图层**。在Photoshop中，使用形状工具组或钢笔工具组中的工具绘制矢量形状后，在"图层"面板中将自动新建名为"形状1"的形状图层（后续建立的形状图层将自动命名为"形状2""形状3""形状4"等，以此类推），并且绘制的形状会自动填充为前景色。

- **新建填充图层**。Photoshop中有纯色、渐变、图案3种填充图层。其中，纯色填充图层就是使用单一的颜色来填充图层，渐变填充图层就是使用渐变色来填充图层，图案填充图层就是使用一种图案来填充。选择【图层】/【新建填充图层】命令，在打开的子菜单中可选择新建的填充图层命令；或单击"图层"面板底部的"创建新的填充或调整图层"按钮●，在弹出的下拉菜单中同样可以选择填充图层命令，以创建对应的填充图层。

2.4.3 移动图层

在"图层"面板中，图层是按创建的先后顺序堆叠在一起的，并且上方图层中的内容会遮盖下方图层中的内容，将上方图层移动到下方图层下方，可使下方图层中的内容变得可见。移动图层可直接在"图层"面板中选择图层进行上下拖曳；也可以选中要移动的图层，选择【图层】/【排列】命令，在打开的子菜单中选择需要的命令，如图2-38所示。

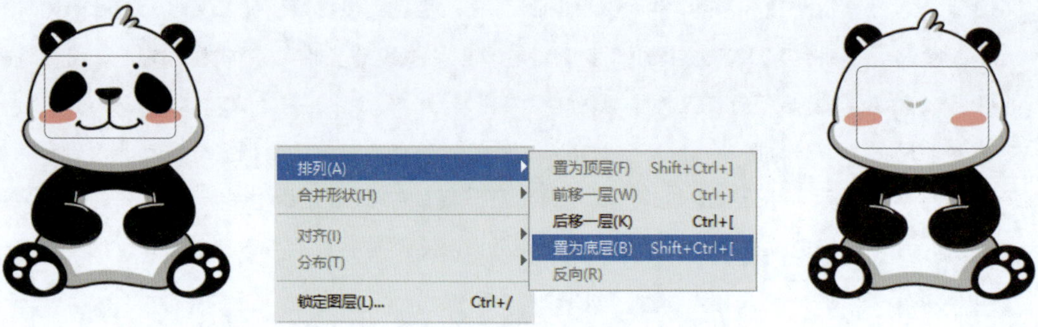

图2-38　在打开的子菜单中选择需要的命令

2.4.4 锁定与链接图层

为限制对某些图层的操作，设计师可锁定这些图层。如果想对多个图层进行相同的操作，如移动、缩放等，可以先链接这些图层，再进行操作。

1. 锁定图层

Photoshop 提供的锁定图层方式主要有以下5种，分别用于锁定不同的内容。

· **锁定透明像素**。单击"锁定透明像素"按钮▣，将只能编辑图层中存在像素的图像区域，而不能编辑没有像素的透明区域。

· **锁定图像像素**。单击"锁定图像像素"按钮✐，将只能对图像进行移动、变形等操作，而不能对图层使用画笔、橡皮擦、滤镜等会影响像素效果的工具。

· **锁定位置**。单击"锁定位置"按钮✛，图层将不能被移动。

· **防止在画板和画框内外自动嵌套**。单击"防止在画板和画框内外自动嵌套"按钮▨后，当将画板内的图层或图层组移出画板边缘时，被移动的图层或图层组不会脱离画板。

· **锁定全部**。单击"锁定全部"按钮🔒，该图层的透明像素、图像像素、位置都将被锁定，不能被编辑。

2. 链接图层

将多个图层链接在一起后，可以同时对链接的多个图层进行移动和变换操作。选择两个或两个以上图层，在"图层"面板上单击"链接图层"按钮∞或选择【图层】/【链接图层】命令，可将所选的图层链接起来。

2.4.5　合并与复制图层

制作一个较为复杂的作品时，一般都会产生大量的图层，从而使图像文件变大、系统处理速度变慢。这时可根据需要合并图层，以减少图层的数量。而复制图层可以使一个图层中的内容在多处重复使用，减少制作相同内容所花的时间，从而提高制作效率。

1. 合并图层

合并图层就是将两个或两个以上的图层合并为一个图层。合并图层主要有以下 3 种方法。

- **合并图层**。在"图层"面板中选择两个或两个以上要合并的图层，选择【图层】/【合并图层】命令，或按【Ctrl+E】组合键。
- **合并可见图层**。选择【图层】/【合并可见图层】命令，或按【Shift+Ctrl+E】组合键，可将"图层"面板中所有可见图层合并。
- **拼合图像**。选择【图层】/【拼合图像】命令，可将"图层"面板中所有可见图层合并，且其会弹出对话框询问是否丢弃隐藏的图层及其中的内容，同时以白色填充所有透明区域。

2. 复制图层

在 Photoshop 中选择需要复制的图层后，可以通过以下 3 种方式进行复制，复制后默认的图层名称将会在原图层名称的基础上新增"拷贝"二字。

- **通过按钮复制**。按住鼠标左键不放将鼠标指针拖曳到"图层"面板底部的"创建新图层"按钮 ⊞ 上，释放鼠标左键后可得到复制的图层。
- **通过快捷键复制**。按【Crtl + J】组合键，可在该图层上方得到一个复制图层。
- **通过命令复制**。选择【图层】/【复制图层】命令；或单击鼠标右键，在弹出的快捷菜单中选择"复制图层"命令，打开"复制图层"对话框，设置参数后单击 确定 按钮。若需要跨文件复制图层，只需在"复制图层"对话框的"目标"下拉列表中选择目标文件名称的选项，然后单击 确定 按钮。需要注意的是，跨文件复制图层默认的图层名称并不会在原图层名称后新增"拷贝"二字；若选择"新建"选项，则将新建一个文件，并且该文件与所选择图层所在文件的大小一致。

2.4.6　课堂案例：设计助农直播封面图

某地准备开展助农直播活动，以助力当地销售农产品，在直播开始前需设计"1242 像素 ×2600 像素"的助农直播封面图。封面图以"了不起的家乡特产"为主题，要展现农产品的自然与原生态，以及积极向上的农民主播形象。文字部分需清晰标注直播时间、地点，以便受众快速了解直播活动详情。整体色彩要和谐醒目，能吸引受众眼球。具体操作如下。

微课视频

设计助农直播封面图

步骤 01　拍摄的农民伯伯素材自带原始背景，为了设计出更具吸引力的助农直播封面图，需要替换新背景，因此可先利用 AIGC 工具抠取农民伯伯人像。打开腾讯 ARC Lab 官网，单击"人像

抠图"选项卡，设置"模型选择"为"V1.2"，单击 本地上传 按钮，上传"农民伯伯.jpg"文件（配套资源:\素材文件\第2章\农民伯伯.jpg），页面将展示原图和抠图效果，如图2-39所示。

　　步骤02　左右拖曳中间的 ‹› 按钮，可查看不同范围的原图和抠图效果，单击 下载图片 按钮，下载抠取的人像图片（配套资源:\效果文件\第2章\农民伯伯_抠图后.jpg），抠取人像前后的效果如图2-40所示。

　　步骤03　打开Photoshop，新建名称、宽度、高度、分辨率分别为"助农直播封面图""1242像素""2600像素""150像素/英寸"的文件。

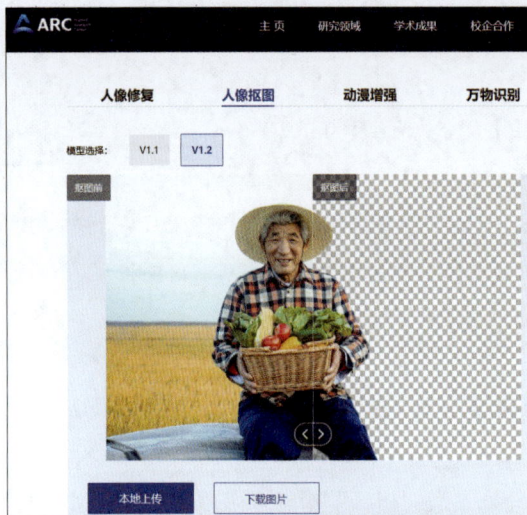

图2-39　页面将展示原图和抠图效果

图2-40　抠取人像前后的效果

　　步骤04　打开"封面图背景.psd"文件（配套资源:\素材文件\第2章\封面图背景.psd），使用"移动工具" ✛ 将其中的"田野""相框"图层拖曳到封面图文件中，调整图像的大小和位置。

　　步骤05　置入"农民伯伯_抠图后.jpg"文件，调整其大小和位置，"图层"面板中将自动添加同名图层，如图2-41所示。

　　步骤06　将鼠标指针移至"农民伯伯_抠图后"图层上，按住鼠标左键不放向下拖曳该图层至"相框"图层下方，"图层"面板中出现的蓝色横线即代表拖曳后该图层的位置，如图2-42所示。此时，画面效果如图2-43所示。

　　步骤07　打开"装饰素材.psd"文件（配套资源:\素材文件\第2章\装饰素材.psd），选中所有图层，选择【图层】/【复制图层】命令，打开"复制图层"对话框，设置"目标"栏下的"文档"为"助农直播封面图.psd"，如图2-44所示，然后单击 确定 按钮，再在封面图文件中调整素材的大小和位置。

　　步骤08　按住【Ctrl】键不放，同时选中两个圆角矩形所在图层，在其上单击鼠标右键，在弹出的快捷菜单中选择"合并图层"命令。合并后的图层名称与所选图层中最上方的图层名称相同，双击该名称，修改名称为"圆角矩形"，如图2-45所示。

　　步骤09　选择"矩形1"图层，按【Ctrl+J】组合键复制得到"矩形1拷贝"图层，在画面中将复制的矩形移至右下方，并适当放大。

图2-41 "图层"面板中将自动添加同名图层　图2-42 拖曳图层调整顺序　图2-43 调整图层顺序后的画面效果

图2-44 跨文件复制并调整素材的大小和位置

图2-45 合并图层后重命名图层

步骤10　选择"三角1"图层，按2次【Ctrl+J】组合键复制得到"三角1拷贝""三角1拷贝2"图层，将所有三角形移至画面左下方。选中这3个三角形图层，在"图层"面板中单击"链接图层"按钮 ，如图2-46所示。

步骤11　采用步骤07的方法添加"文案素材.psd"文件（配套资源:\素材文件\第2章\文案素材.psd），然后置入"直播二维码.png"文件（配套资源:\素材文件\第2章\直播二维码.png），最终效果如图2-47所示。

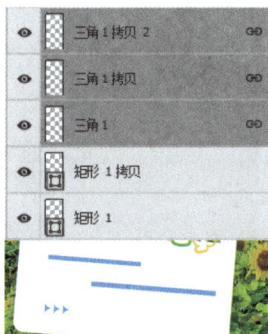

图2-46 复制和链接图层

图2-47 助农直播封面图最终效果

步骤 12　按【Ctrl+S】组合键保存文件(配套资源:\效果文件\第 2 章\助农直播封面图 .psd)。

2.4.7　创建与编辑图层组

　　当图层的数量较多时,可通过创建图层组来管理,以便方便、快速找到需要的图层。图层组以文件夹的形式显示,可以像普通图层一样执行移动、复制、链接等操作。

1. 创建图层组

　　创建图层组有两种方法,一种是创建空白图层组,后续需要自行将图层移动到图层组中;另一种是依据所选图层创建图层组,可快速将所选图层放置在一个图层组中。

　　(1)创建空白图层组

　　选择【图层】/【新建】/【组】命令,打开"新建组"对话框,在该对话框中可以分别设置图层组的名称、颜色、模式、不透明度,单击 确定 按钮,便可在"图层"面板上创建一个空白的图层组。直接单击"图层"面板底部的"创建新组"按钮 ,也可以快速创建一个空白图层组。

　　(2)依据所选图层创建图层组

　　选择图层后选择【图层】/【图层编组】命令,或按【Ctrl+G】组合键,可快速新建一个图层组,并将所选图层放于其中。

　　选择图层后选择【图层】/【新建】/【从图层建立组】命令,打开"从图层新建组"对话框,在其中设置图层组的名称、颜色、模式等,单击 确定 按钮,可创建具有特定属性的图层组,并将所选图层放于其中。

2. 编辑图层组

　　创建图层组后,直接将某个图层拖曳到某个图层组中,即可将其添加到该图层组中。将图层拖出所在图层组,则可将其从该图层组中移出。单击图层组前面的三角图标 ,可展开该图层组,再单击图层组前方的三角图标 ,可折叠该图层组。

2.4.8　对齐与分布图层

　　通过对齐与分布图层可快速调整图层中的内容,以实现对应图像的精准移动。

1. 对齐图层

若要将多个图层中的图像对齐，可使用"移动工具"➕选择至少2个需要对齐的图层，然后选择【图层】/【对齐】命令，在子菜单中选择相应的对齐命令。需要注意的是，如果所选图层与其他图层链接，则可以对齐与之链接的所有图层。

2. 分布图层

若要让更多图层中的图像以一定的规律均匀分布，可使用"移动工具"➕选择至少3个需要均匀分布图像的图层，然后选择【图层】/【分布】命令，在其子菜单中选择相应的分布命令。

对齐与分布图层时，也可以使用"移动工具"➕属性栏中的▐▐▐▐▐▐▐▐▐按钮组，通过单击相应按钮便可实现对齐与分布图层。单击该工具属性栏中的"对齐与分布"按钮⋯，在打开的面板中有更多的对齐与分布相关按钮，如图2-48所示。

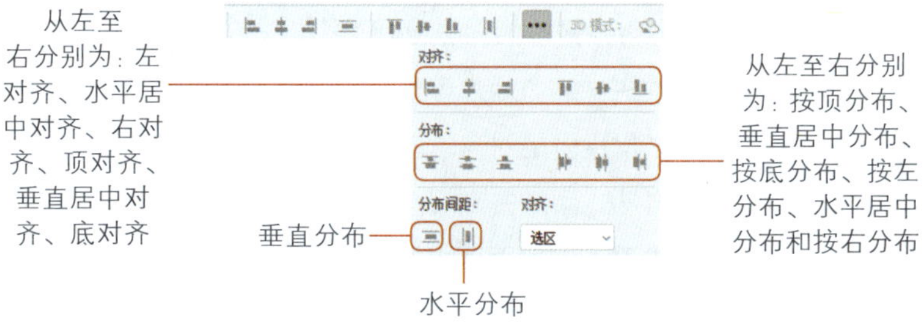

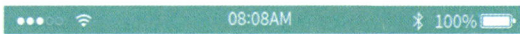

图2-48　对齐与分布相关按钮

2.4.9　课堂案例：设计阅读App书架页

某阅读App为提升用户体验，准备采用原来的素材重新设计书架页界面，要求书架页界面由顶部状态栏、搜索栏、书架标题、书架列表和底部导航栏组成，在中间采用向下滑动和模块化的形式展示书籍。具体操作如下。

微课视频

设计阅读App
书架页

步骤01　按【Ctrl+N】组合键打开"新建文档"对话框，单击"移动设备"选项卡，选择"iPhone X"选项，设置名称为"阅读App书架页"，单击 创建 按钮。

步骤02　打开"状态栏.psd"文件（配套资源:\素材文件\第2章\状态栏.psd），选择"移动工具"➕，将其中所有内容移至书架页顶部，如图2-49所示。全选所有图层，在工具属性栏中单击"垂直居中对齐"按钮▐▐，效果如图2-50所示。

图2-49　添加状态栏素材

图2-50　垂直居中对齐效果

步骤03　全选所有图层，按【Ctrl+G】组合键将其编为图层组，双击图层组名称，重命名为"状态栏"。

步骤04　使用与步骤02和步骤03相同的操作，添加并对齐"搜索栏.psd"文件（配套资源:\素材文件\第2章\搜索栏.psd）中的内容。

步骤05　添加"书架标题.psd"文件（配套资源:\素材文件\第2章\书架标题.psd），如

图2-51所示。选中其中所有标题文字图层，在工具属性栏中单击"垂直居中对齐"按钮■■。确定好最左侧和最右侧文字的位置，然后单击"水平分布"按钮■■。将绿色矩形移至绿色标题正下方，选中绿色矩形和横线，单击"底对齐"按钮■■，效果如图2-52所示，然后将书架标题中的内容编为同名图层组。

| 全部 | 小说 | 传记 | 散文 |

图2-51 添加书架标题素材

| 全部 | 小说 | 传记 | 散文 |

图2-52 对齐与分布效果

步骤 06　打开"书籍模块.psd"文件（配套资源:\素材文件\第2章\书籍模块.psd），将其中4个书籍模块图层组添加到书架页文件中，确定好最上方、最下方模块的位置，如图2-53所示。在"图层"面板中选中这4个图层组，在工具属性栏中依次单击"水平居中对齐"按钮■和"垂直分布"按钮■。

步骤 07　此时4个模块已居中对齐并按相同垂直间距均匀分布，但相对于整个页面来说列表整体没有居中，因此需要单击工具属性栏中的"对齐与分布"按钮…，在打开的面板中的"对齐"下拉列表中选择"画布"选项，再单击"水平居中对齐"按钮■。

步骤 08　使用与之前相同的方法，添加并对齐与分布"导航栏.psd"文件（配套资源:\素材文件\第2章\导航栏.psd）中的内容，书架页最终效果如图2-54所示。

步骤 09　选中4个书籍模块图层组，按【Ctrl+G】组合键将其编组后重命名为"书架列表"，此时"图层"面板如图2-55所示，按【Ctrl+S】组合键保存文件（配套资源:\效果文件\第2章\阅读App书架页.psd）。

| 图2-53 添加书籍模块 | 图2-54 书架页最终效果 | 图2-55 "图层"面板 |

课堂实训

实训1　设计"白露"节气海报

实训目标

二十四节气是中华优秀传统文化的重要组成部分，它是我国古人根据农业生产和气候变化制定的一个时间系统。在"白露"节气来临之际，某公司准备设计一张"白露"节气海报，尺寸为"1242像素×2208像素"，要求结合"白露"节气特点，深入理解该节气的文化内涵与自然特征，将其巧妙地融入设计中，传达出该节气的独特韵味，同时，确保海报既美观大方又富有创意。"白露"节气海报参考效果如图2-56所示。

【素材位置】配套资源：\素材文件\第2章\白露背景.jpg、白露文案.psd

【效果位置】配套资源：\效果文件\第2章\"白露"节气海报.psd

图2-56　"白露"节气海报参考效果

实训思路

步骤01　新建文件，置入"白露背景.jpg"文件（可利用AIGC工具生成），调整其大小和位置，使其刚好填满画布，再锁定该图层，然后在画面中央添加一条垂直参考线。

步骤02　打开"白露文案.psd"文件，将其中的标题、日期和诗句素材复制到海报中并调整至合适的大小。

步骤03　将年份文字及其外面的椭圆边框所在图层链接起来，再调整标题和日期素材的位置，使其沿参考线居中于画面。

步骤04　将"白露文案.psd"文件中的印章图案和"二十四节气"文字素材添加到海报标题右侧并调整至合适的大小，选中这两个图层，将其水平居中对齐和垂直居中对齐。

步骤05　将所有文案所在图层编为"文案"图层组，保存文件。

实训2　制作"直播通知"公众号推文封面图

实训目标

随着直播热潮的兴起，某天文爱好者协会准备开启首次直播，与用户一同欣赏宇宙美景。为了提前造势，该协会准备在其公众号发送推文，因此需要制作尺寸为"900 像素 ×383 像素"的封面图，要求在封面图中添加与天文相关的素材，展示直播信息，整体布局合理，视觉效果美观。"直播通知"公众号推文封面图参考效果如图 2-57 所示。

【素材位置】配套资源:\素材文件\第 2 章\宇宙 .png、望远镜 .jpg、横线 .png、圆形 .png、通知文案 .psd

【效果位置】配套资源:\效果文件\第 2 章\望远镜 _ 抠图后 .jpg、"直播通知"公众号推文封面图 .psd、"直播通知"公众号推文封面图 .jpg

图2-57　"直播通知"公众号推文封面图参考效果

实训思路

步骤 01　利用 AIGC 工具抠取出望远镜图像。

步骤 02　在 Photoshop 中新建文件，置入宇宙素材和抠取的望远镜图像，然后变换图像进行布局。

步骤 03　置入圆形和横线素材，制作成一条装饰线，链接这两个图层。

步骤 04　复制多个圆形，斜切复制的圆形，并使其底对齐和水平分布，然后合并这些复制的圆形所在的图层。

步骤 05　打开文案素材，将其中的素材跨文件移动到封面图文件中，创建参考线辅助排版。

步骤 06　导出 JPG 图片，保存文件。

课后练习

练习1　设计护肤品主图

某护肤品网店准备上架一款芦荟喷雾，现已提供文案和护肤品图像素材，需要制作"800 像素 ×800 像素"的主图，要求突出其卖点，表现自然、清爽的商品风格。护肤品主图参考效果如图 2-58 所示。

【素材位置】配套资源:\素材文件\第 2 章\护肤品 .png、护肤品背景 .psd

【效果位置】配套资源:\效果文件\第 2 章\护肤品主图 .psd

图2-58　护肤品主图参考效果

练习2　设计"立夏"节气开屏广告

　　某音乐 App 准备制作"立夏"节气开屏广告，要求广告尺寸为"1080 像素 ×2339 像素"，采用中国风，能营造夏日氛围，引导用户点击该广告并跳转至夏日歌单页面。"立夏"节气开屏广告参考效果如图 2-59 所示。

图2-59　"立夏"节气开屏广告参考效果

【素材位置】配套资源:\素材文件\第 2 章\荷花 .png、树叶 .png、蜻蜓 .png、立夏文案 .png

【效果位置】配套资源:\效果文件\第 2 章\"立夏"节气开屏广告 .psd

第 **3** 章

应用选区

本章导读

在Photoshop中，创建与编辑选区是处理图像的基础操作，也是处理图像的重要操作之一。创建选区后，只能调整选区内的图像，选区外的图像不受影响。因此，通过创建与编辑选区可以限定操作范围，实现抠取图像、变换特定区域等目的，从而制作出效果精美的图像。

学习目标

1. 能够熟练运用创建选区的工具。
2. 掌握选区的编辑操作。
3. 能够使用选区工具和命令抠图。
4. 掌握应用 AIGC 工具一键智能抠图的方法。

案例展示

1. 你认为选区在 Photoshop 中的作用是什么？它能帮助我们完成哪些任务？

2. 下图是一个较为复杂的动物毛发抠图案例，请分析如何利用 Photoshop 或 AIGC 工具实现精细的图像抠取效果。

3.1 创建选区

设计师在 Photoshop 中处理图像时，经常只希望处理图像中的某一部分，而不希望影响其他的部分，此时就可以为需要处理的区域单独创建选区，便于后续操作。

3.1.1 认识选区

选区是指限定操作范围的区域，使用选区可保护选区外的图像不受影响，只能编辑选区内的图像。图 3-1 所示的灯泡图像选区中，虚线以内的区域为选区，虚线为选区边缘。选区可以是任意形状的，但选区边缘必须封闭。

图3-1 灯泡图像选区

3.1.2 选框工具组

选框工具组主要用于创建规则的几何形状选区。将鼠标指针移动到工具箱的"矩形选框工具" 上，单击鼠标右键或按住鼠标左键不放，可打开该工具组，其中有"矩形选框工具" 、"椭圆选框工具" 、"单行选框工具" 、"单列选框工具" 4 种工具。

1. 矩形选框工具

当需要创建矩形选区时，可以使用"矩形选框工具" ，其属性栏如图 3-2 所示。

图3-2 "矩形选框工具"属性栏

· **按钮组**。该按钮组用于控制选区的创建方式。"新选区"按钮 为默认选项，表示将要创建一个选区，如果创建完毕再在其他区域创建选区，那么新创建的选区将会替代已有选区。单击"添加到选区"按钮 可继续创建选区，若新创建的选区与原有选区存在交叉，则新创建

的选区将添加到原有选区中。单击"从选区减去"按钮 🖳 可删除不需要的选区，若新创建的
选区与原有选区存在交叉，则
新创建的选区将从原有选区中
删除。单击"与选区交叉"按
钮 🖳，再创建与原有选区交
叉的新选区，则将只保留交叉
的选区，如图3-3所示。

图3-3　与选区交叉

- 羽化。羽化用于实现选区边缘
  的柔和效果。数值越大，羽化效果越明显。
- 消除锯齿。消除锯齿用于消除选区边缘的锯齿，使选区边缘与周围像素之间的过渡变得较为
  平滑。只有在选择"椭圆选框工具" 🔘 的情况下，该功能才会被激活。
- 样式。样式用于设置选区的比例和尺寸，有"正常""固定比例""固定大小"3种选项。选择
  "正常"选项时，可以以任意大小和比例绘制选区；选择"固定比例""固定大小"选项时，可
  以激活右侧的"宽度""高度"数值框。在这些数值框中输入数值可以设置所要创建选区的宽
  度和高度，单击"高度和宽度互换"按钮 ⇄ 可交换宽度和高度数值框内的数值。
- 选择并遮住… 按钮。创建选区后单击该按钮，可以在打开的"调整边缘"窗口中调整选区边缘，使
  其更加精准。

选择"矩形选框工具" 🔲，在工具属性栏中根据具体需求设置相关参数后，在图像编辑区内按
住鼠标左键不放并拖曳鼠标指针，可创建矩形的选区；在创建矩形选区时按住【Shift】键不放，则可
创建正方形的选区。

2. 其他选框工具

在创建椭圆或圆形选区时，可以选择"椭圆选框工具" 🔘，在图像编辑区内按住鼠标左键不放，
并拖曳鼠标指针创建选区；在创建宽度为1像素的行或列选区时，可以选择"单行选框工具" ⚏ 或
"单列选框工具" ⚏，然后在图像编辑区内单击以完成创建。其他选框工具的工具属性栏与"矩形选
框工具" 🔲 的基本一致，这里不赘述。

3.1.3　套索工具组

在为形状不规则、边缘较为复杂的图像创建选区时，可以使用套索工具组中的工具，包括"套
索工具" 〇、"多边形套索工具" 〉 和"磁性套索工具" 〉。其中，"套索工具" 〇 和"多边形套
索工具" 〉 的工具属性栏与选框工具的基本一致，只有"磁性套索工具" 〉 的工具属性栏略有不同。

1. 套索工具

当需要快速选择不规则图像，并且对所选区域的边缘精度要求不高时，可以使用"套索工具" 〇。
选择"套索工具" 〇 后，在图像中按住鼠标左键不放并拖曳鼠标指针，沿着拖曳轨迹将生成选区线，
重新回到起点后释放鼠标左键，生成的选区线将自动闭合并形成选区，如图3-4所示。

2. 多边形套索工具

如果需要为边缘是直线或折线的图像创建选区，可以使用"多边形套索工具" ⊿。选择"多边形套索工具" ⊿后，先在图像中单击以创建选区起点，然后沿着需要选取的图像边缘移动鼠标指针，并在转折处单击，鼠标指针回到起点时，将变为 ⊿形状，此时单击可使选区闭合，如图 3-5 所示。

相较于使用"套索工具" ⊖生成的不规则选区边缘，使用"多边形套索工具" ⊿生成的选区边缘更偏向于直线，并且更加精准。

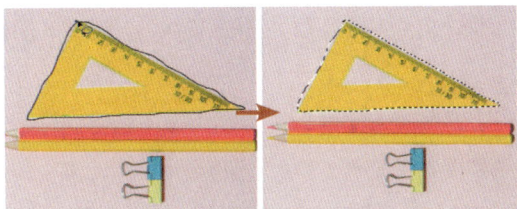

图3-4 使用"套索工具"创建选区　　　图3-5 使用"多边形套索工具"创建选区

3. 磁性套索工具

当需要为边缘错综复杂，并且与周围背景色彩反差较大的图像创建选区时，可以使用"磁性套索工具" ⊿。该工具的属性栏如图 3-6 所示，其中，各主要选项的含义如下。

图3-6 "磁性套索工具"属性栏

- **宽度**。该选项用于设置选区线能够探测的边缘宽度，图像的对比度越高，设置的宽度值应越大，选区线能够探测范围也就越大。
- **对比度**。该选项用于设置所选的图像边缘的对比度范围，该数值越大，选择的边缘对比度越高；反之，选择的边缘对比度越低。
- **频率**。该选项用于设置选择图像时产生的固定磁性锚点的数量。
- **⊘按钮**。该按钮用于根据压感笔的压力调整磁性套索工具 ⊿的检测范围，压力越大，检测边缘的宽度越小。该功能在计算机接入绘图板和压感笔的时候被启用。

选择"磁性套索工具" ⊿，在图像编辑区中单击以创建起始锚点，沿图像轮廓拖曳鼠标指针，Photoshop 将自动捕捉图像中对比度较高的边缘并自动产生磁性锚点。鼠标指针重新回到起始锚点处时，将变为 ⊿形状，此时单击即可创建选区，如图 3-7 所示。创建选区的过程中，若磁性锚点的位置不符合需求，按【Delete】键可删除磁性锚点，然后单击创建新的磁性锚点。

创建磁性锚点　　　回到起始锚点处　　　创建选区

图3-7 使用"磁性套索工具"创建选区

3.1.4　课堂案例：设计旅行社宣传单

　　某旅行社在暑假来临之际推出了"三亚六日游"路线，需要制作"21厘米×29.7厘米"的宣传单进行推广，要求在宣传单中添加三亚风景图像，并添加简单的文案介绍该路线的卖点，宣传单布局生动，视觉效果美观。具体操作如下。

微课视频

设计旅行社
宣传单

　　步骤 01　新建名称、宽度、高度、分辨率、颜色模式分别为"旅行社宣传单""21厘米""29.7厘米""300像素/英寸""CMYK颜色"的文件。

　　步骤 02　打开"三亚1.jpg"文件（配套资源:\素材文件\第3章\三亚1.jpg），选择"矩形选框工具" ，框选中央的图像，如图3-8所示。

　　步骤 03　按【Ctrl+C】组合键复制选区内容，切换到宣传单文件，按【Ctrl+V】组合键粘贴复制的内容，调整其大小，使其与画布等宽，再将其移动到画布顶部。

　　步骤 04　选择"多边形套索工具" ，在图像中依次单击创建多边形顶点，绘制图3-9所示的不规则五边形，鼠标指针回到起点时将变为 形状，此时单击可使选区闭合。新建图层，设置前景色为白色，按【Alt+Delete】组合键将选区填充为前景色。使用相同的方法，绘制一个比白色多边形略小的多边形选区，并填充为"#2396cb"（蓝色），如图3-10所示。

| 图3-8　创建矩形选区 | 图3-9　绘制多边形选区 | 图3-10　填充蓝色多边形选区 |

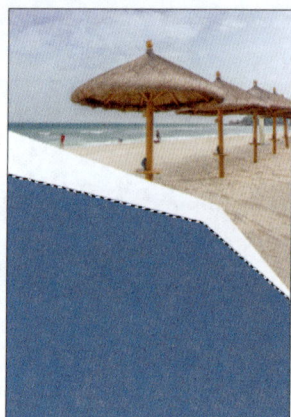

　　步骤 05　按【Ctrl+D】组合键取消选区，选择"椭圆选框工具" ，在工具属性栏单击"添加到选区"按钮 ，按住【Shift】键不放连续绘制3个圆形选区，设置前景色为白色，按【Alt+Delete】组合键填充，如图3-11所示。

　　步骤 06　打开"三亚2.jpg"文件（配套资源:\素材文件\第3章\三亚2.jpg），使用"椭圆选框工具" 绘制圆形选区，以框选需要的图像，如图3-12所示。

　　步骤 07　按【Ctrl+C】组合键复制选区内容，切换到宣传单文件，按【Ctrl+V】组合键粘贴复制的内容，调整其大小，使其在左侧的白色圆形中央，且略小于该圆形，如图3-13所示。

　　步骤 08　使用与步骤06、步骤07相同的方法，在另外两个圆形中添加图像（配套资源:\素材文件\第3章\三亚3.jpg、三亚4.jpg），如图3-14所示。

　　步骤 09　使用与步骤05～步骤07相同的方法，使用"矩形选框工具" 在宣传单下方制作底部图像，如图3-15所示。

步骤 10 打开"宣传单文案 .psd"文件（配套资源 :\素材文件 \ 第 3 章 \ 宣传单文案 .psd ），使用"移动工具" ⊕ 将其中所有内容拖曳到宣传单中，调整其大小和位置，然后输入三亚市介绍文案，保存文件（配套资源 :\效果文件 \ 第 3 章 \ 旅行社宣传单 .psd ），最终效果如图 3-16 所示。

图3-11 绘制并填充3个圆形选区

图3-12 使用圆形选区框选需要的图像

图3-13 添加选区图像

图3-14 在另外两个圆形中添加图像

图3-15 制作底部图像

图3-16 旅行社宣传单最终效果

3.2 编辑选区

创建选区后，再进行移动选区、扩展与收缩选区、全选与反选选区、描边与填充选区等编辑选区操作，可以使选区更符合需求。

3.2.1 移动选区

通过移动选区可调整选区的位置，其操作方法有以下两种。

· **使用鼠标**。创建好选区后，将鼠标指针移至选区中，此时按住鼠标左键不放，将鼠标指针拖曳到适当位置后释放鼠标左键，即可移动选区。

· **使用键盘**。创建好选区后，按【↑】、【↓】、【←】、【→】方向键将以"1 像素"为单位向上、下、左、右移动选区；在按住【Shift】键的同时按方向键将以"10 像素"为单位移动选区。

3.2.2 扩展与收缩选区

若对创建的选区大小不满意，可通过扩展与收缩选区来重新修改选区大小，而不需要再次创建选区。

- **扩展选区**。选择【选择】/【修改】/【扩展】命令，打开"扩展选区"对话框，在"扩展量"数值框中输入选区扩展的像素值，单击 确定 按钮，选区将向外扩展。
- **收缩选区**。选择【选择】/【修改】/【收缩】命令，打开"收缩选区"对话框，在"收缩量"数值框中输入选区收缩的像素值，单击 确定 按钮，选区将向内收缩。

3.2.3 全选与反选选区

通过全选与反选选区可以较为快速地选择区域。

- **全选选区**。选择【选择】/【全部】命令，或按【Ctrl+A】组合键，可将当前图层中的所有内容创建为选区。
- **反选选区**。创建一个选区后，按【Shift+Ctrl+I】组合键，可反选之前没有选中的区域。

3.2.4 描边与填充选区

创建选区后，选择【编辑】/【填充】命令；或单击鼠标右键，在弹出的快捷菜单中选择"填充"命令，都将打开"填充"对话框，在其中可以设置是用色彩还是用图案填充选区，图3-17所示为使用色彩填充选区。选择【编辑】/【描边】命令；或单击鼠标右键，在弹出的快捷菜单中选择"描边"命令，都将打开"描边"对话框，在其中可以设置描边颜色和描边位置，效果如图3-18所示。

图3-17 使用色彩填充选区

图3-18 描边选区

3.2.5 课堂案例：设计农产品Banner

近期土豆大量成熟，珩农旗舰店准备在网店首页制作尺寸为"1920像素×550像素"的Banner来宣传土豆，现已提供该产品信息，设计师需要通过选区操作设计Banner的布局并进行排版，使Banner更具设计感，突出土豆卖点。具体操作如下。

微课视频

设计农产品
Banner

步骤 01 由于网店提供的土豆图像素材与Banner比例相差过大，为了让其更适合用作Banner背景，可以对其进行扩展操作。打开神采AI官网首页，单击"AI工具"选项卡，在"生成式工具"栏中选择"尺寸外扩"选项，上传"土豆.jpg"文件（配套资源:\素材文件\第3章\土豆.jpg），设置尺寸为"21：9"，页面中将展示原图在扩展区域中的效果，调整原图在扩展区域中的大小和位置，如图 3-19 所示。

步骤 02　单击 开始生成 按钮，扩图效果如图 3-20 所示，将鼠标指针移至该图像上，单击 ↓ 按钮下载图像 [配套资源 :\ 效果文件 \ 第 3 章 \ 土豆（扩图后）.jpg]。

图3-19　调整原图在扩展区域中的大小和位置　　　　　　　　图3-20　扩图效果

步骤 03　打开 Photoshop，新建名称、宽度、高度、分辨率分别为"农产品 Banner""1920 像素""550 像素""72 像素 / 英寸"的文件。置入扩展后的图像，调整其大小和位置，使其填满画布。

步骤 04　使用"椭圆选框工具" 绘制一个较大的椭圆选区，如图 3-21 所示。将鼠标指针移至选区中，此时按住鼠标左键不放并拖曳鼠标指针，将选区移动至右侧，并使椭圆的水平中轴线与画布的水平中轴线对齐，如图 3-22 所示。

图3-21　绘制一个较大的椭圆选区　　　　　　　　图3-22　移动选区并对齐中轴线

步骤 05　新建图层，选择【编辑】/【填充】命令，打开"填充"对话框，在"内容"下拉列表中选择"颜色"选项，在打开的对话框中设置颜色为"#e7a65c"并确认，设置不透明度为"39%"，如图 3-23 所示，单击 确定 按钮。

■ 技巧经验

在工具箱下方设置前景色后，按【Alt+Delete】组合键同样可以为图层中的选区填充颜色，但此时不能直接设置颜色的不透明度，可以通过在"图层"面板中设置该图层的不透明度来制作半透明效果。

步骤 06　使用"矩形选框工具" 在右侧绘制一个长方形选区。新建图层，选择【编辑】/【描边】命令，打开"描边"对话框，设置颜色为"#f2d2aa"，单击选中"居中"单选项，如图 3-24 所示，单击 确定 按钮。

图3-23　填充选区　　　　　　　　图3-24　描边选区

步骤 07 选择【选择】/【修改】/【收缩】命令，打开"收缩选区"对话框，设置收缩量为"27"像素，如图 3-25 所示，单击 确定 按钮。新建图层，将选区填充为不透明度为"82%"的"#e7a65c"颜色，效果如图 3-26 所示。

步骤 08 打开"农产品信息 .psd"文件（配套资源 :\ 素材文件 \ 第 3 章 \ 农产品信息 .psd），使用"移动工具" ⊕ 将其中所有内容拖曳到矩形中，调整其大小和位置，保存文件（配套资源 :\ 效果文件 \ 第 3 章 \ 农产品 Banner.psd），最终效果如图 3-27 所示。

图3-25 收缩选区　　图3-26 填充效果　　图3-27 农产品Banner最终效果

AIGC 应用 扩展图像

扩展图像是指基于人工智能算法对原始图像进行特征提取和分析，生成新的像素点和颜色值，以扩展图像的面积，这在保持图像原有的风格和内容时，还可以确保在放大图像时不会出现模糊、失真等问题。

操作方法：上传需要扩展的图片，然后设置扩图尺寸，调整原图在新尺寸画布中的大小和位置，有的 AIGC 工具还可以输入对扩展区域的内容描述、设置扩展区域画面的明暗程度等。确认生成操作后，AIGC 工具将扩展图像。

示例：

平台：Midjourney 中文站
模式：工具箱 > AI 扩图
上传图片：素材文件 \ 第 3 章 \ 荷花 .jpg
扩展比例：等比扩展 > 200%
生成结果：效果文件 \ 第 3 章 \ 荷花扩图 .jpg

平台：神采 AI
模式：AI 工具 > 生成式工具 > 尺寸外扩
上传图片：素材文件 \ 第 3 章 \ 家居 .jpg
尺寸：16 ∶ 9
亮度：50
生成结果：效果文件 \ 第 3 章 \ 家居扩图 .jpg

3.2.6 羽化选区

创建选区后，选择【选择】/【修改】/【羽化】命令，打开"羽化选区"对话框，设置"羽化半径"值，然后单击 确定 按钮，可以羽化选区，使选区与选区周围区域之间的边界变得模糊，这样可以为图像边缘制作柔和的效果，但也容易丢掉图像边缘的细节。

3.2.7 平滑选区

创建选区后，如果选区边缘存在不够平滑的情况，还需要平滑选区。选择【选择】/【修改】/【平滑】命令，打开"平滑选区"对话框，在"取样半径"数值框中输入选区平滑的像素值，单击 确定 按钮，可以让生硬的选区边界变得平滑，效果如图 3-28 所示。

图3-28 平滑选区效果

3.2.8 边界选区

通过边界选区操作可以为选区的虚线再创建选区，以得到更丰富的效果。选择【选择】/【修改】/【边界】命令，打开"边界选区"对话框，在"宽度"数值框中输入像素值，单击 确定 按钮，效果如图 3-29 所示。

图3-29 边界选区效果

3.2.9 存储与载入选区

针对需要长期使用的选区，可以先将其存储起来，下次需要使用时再直接载入该选区。这样不但能节省重复绘制选区的时间，还能避免每次创建选区时出现差异。

· 存储选区。选择【选择】/【存储选区】命令；或在选区上单击鼠标右键，在弹出的快捷菜单中选择"存储选区"命令，都可打开"存储选区"对话框，在其中可设置选区的存储位置、名称等，单击 确定 按钮，选区将被存储，此时可在"通道"面板中查看选区，如图 3-30 所示。

· 载入选区。若需要再次使用之前存储的选区，可选择【选择】/【载入选区】命令，打开"载入选区"对话框，在其中选择需要载入的选区及其载入方式，单击 确定 按钮，可将已存储的选区载入图像中。其中，"文档"下拉列表用于选择载入已存储的选区；"通道"下拉列表用于选择已存储的选区通道；单击选中"反相"复选框，可以反向选择存储的选区；若当前图像中已包含选区，在"操作"栏中可设置如何合并载入选区，如图 3-31 所示。

图3-30 存储选区

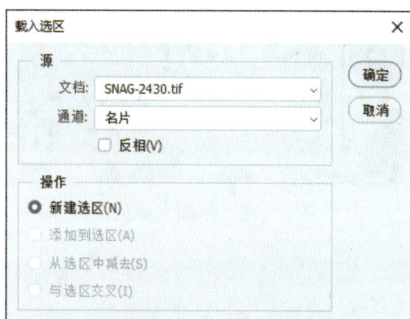

图3-31 载入选区

3.2.10　课堂案例：设计公众号读书推文封面图

微课视频

设计公众号
读书推文封面图

　　某公众号计划在世界读书日当天发布一篇推荐好书的推文，因此，需要提前设计"900 像素 ×383 像素"的封面图，要求添加并美化书籍图像，并强调"世界读书日"和"知识就是力量"的主题。具体操作如下。

　　步骤 01　新建名称、宽度、高度、分辨率分别为"公众号读书推文封面图""900 像素""383 像素""72 像素 / 英寸"的文件。置入"封面图背景 .jpg"文件（配套资源 :\ 素材文件 \ 第 3 章 \ 封面图背景 .jpg），调整封面图的大小和位置，使其刚好填满画布。

　　步骤 02　打开"对话框 .psd"文件（配套资源 :\ 素材文件 \ 第 3 章 \ 对话框 .psd），由于对话框素材呈深灰色，直接应用到封面图中不太美观，因此可通过载入与存储选区的操作改变其颜色。按住【Ctrl】键不放，单击对话框所在图层左侧的图层缩略图，以载入选区。选择【选择】/【存储选区】命令，打开"存储选区"对话框，设置名称为"对话框形状"，单击 确定 按钮。

　　步骤 03　切换到封面图文件，选择【选择】/【载入选区】命令，打开"载入选区"对话框，设置图 3-32 所示的参数，单击 确定 按钮。设置前景色为"#00b48c"，新建图层，按【Alt+Delete】组合键将选区填充为前景色，效果如图 3-33 所示。

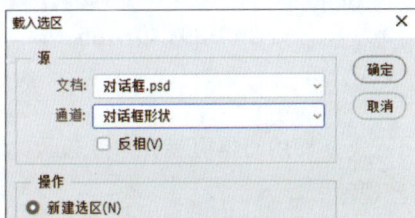

図3-32　设置载入选区参数　　　　图3-33　选区填充效果

　　步骤 04　打开"封面图文案 .psd"文件（配套资源 :\ 素材文件 \ 第 3 章 \ 封面图文案 .psd），使用"移动工具" ⊕ 将其中所有内容拖曳到封面图中，调整其大小和位置，效果如图 3-34 所示。

　　步骤 05　按住【Ctrl】键不放，单击黑色前引号所在图层的图层缩略图载入选区。选择【选择】/【修改】/【边界】命令，打开"边界选区"对话框，设置宽度为"8"像素，单击 确定 按钮。新建图层，设置前景色为白色，按【Alt+Delete】组合键填充选区，隐藏黑色前引号所在图层，制作白色镂空效果，如图 3-35 所示。

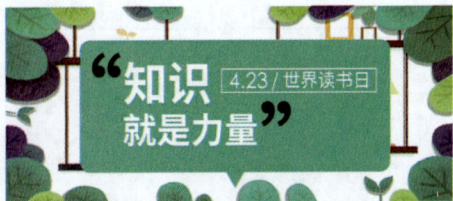

图3-34　添加文案后的效果　　　　图3-35　制作白色镂空效果

　　步骤 06　使用与步骤 05 相同的方式，为后引号制作白色镂空效果。

　　步骤 07　置入"读书者 .png"文件（配套资源 :\ 素材文件 \ 第 3 章 \ 读书者 .png），放置到封面图右下角，载入该选区并扩展 6 像素。

步骤 08　选择【选择】/【修改】/【平滑】命令，打开"平滑选区"对话框，设置取样半径为"5"像素，单击 确定 按钮，效果如图 3-36 所示。选择【选择】/【修改】/【羽化】命令，打开"羽化选区"对话框，设置羽化半径为"10"像素，单击 确定 按钮，效果如图 3-37 所示。

步骤 09　新建图层，按【Alt+Delete】组合键填充选区，再将该图层移到"读书者"图层下方，制作读书者发光的效果，如图 3-38 所示，保存文件（配套资源:\效果文件\第 3 章\公众号读书推文封面图 .psd）。

图3-36　平滑选区效果　　　　图3-37　羽化选区效果　　　　图3-38　制作读书者发光的效果

职业素养

推文封面图影响着公众号订阅用户对推文的第一印象，一般在撰写完推文后设计。推文封面图的效果要与公众号的定位相符，风格统一；标准尺寸为"900像素 × 383像素"，比例为"2.35∶1"。虽然推文标题最多可以有64个中文字符，但在设计封面图时需要使标题精炼，将更重要的、精简的关键词放置在封面图中，控制在20个中文字符内较为合适。

3.3　使用选择工具和命令抠图

抠图是指将需要的部分图像从原图像中分离出来，是一种搜集素材的手段。在 Photoshop 中，设计师可通过不同的工具、命令抠图。

3.3.1　快速选择工具

"快速选择工具" 适合用于创建简单的选区，抠取背景单一的图像。使用"快速选择工具" 时，在图像编辑区内按住鼠标左键并拖曳鼠标指针，Photoshop 将自动为拖曳轨迹处的图像创建选区，如图 3-39 所示。

图3-39　使用"快速选择工具"创建选区

技巧经验

使用"快速选择工具" 创建选区时，在英文输入法模式下，按【]】键可增大画笔；按【[】键可缩小画笔。

55

3.3.2 魔棒工具

"魔棒工具" ![icon] 的原理是选取抠图对象上的某一点，Photoshop 将把与这一点颜色相似的点自动归入色彩类似的图像选区中。因此，利用该工具抠图是抠取位于纯色背景中的对象最简单的方法之一。使用"魔棒工具" ![icon] 时，工具属性栏中的"取样大小"下拉列表框用于控制创建选区的取样点大小，其数值越大，创建的颜色选区会越大；"容差"数值框用于设置识别颜色的范围，数值范围为 0 ~ 255，该数值越大，所识别的颜色的范围也就越广。在图像编辑区内单击，Photoshop 将自动根据单击点下方的像素创建选区。使用"魔棒工具"抠取图像，如图 3-40 所示。

图3-40　使用"魔棒工具"抠取图像

3.3.3 对象选择工具

"对象选择工具" ![icon] 可以理解为一种自动判定所选区域内主体图像的工具，适用于快速抠取简单图像，如抠取与背景界限分明的图像。使用"对象选择工具" ![icon] 时，在工具属性栏中根据具体需求设置相关参数后，在图像编辑区内按住鼠标左键不放并拖曳鼠标指针，绘制一个框选区域，Photoshop 将自动为区域内明显的图像创建选区，如图 3-41 所示。

图3-41　使用"对象选择工具"选取图像

资源链接：
"对象选择工具"
属性栏详解

3.3.4 课堂案例：设计新品上市广告

某茶社上新了一款春茶，准备设计新品上市广告进行推广，吸引人们前来品茶。现需要设计师抠取茶社提供的新茶图像，为其替换新设计的背景，并添加茶叶图像进行装饰。具体操作如下。

步骤 01　打开"新茶 .jpg"文件（配套资源 :\ 素材文件 \ 第 3 章 \ 新茶 .jpg），

微课视频

设计新品上市
广告

选择"对象选择工具" ，在茶杯图像左上方按住鼠标左键不放，向右下方拖曳鼠标指针至完全框选住茶杯，如图 3-42 所示。

步骤 02 释放鼠标左键，Photoshop 将自动为框选区域内的茶杯创建选区，如图 3-43 所示。按【Ctrl+J】组合键复制选区内容到新图层中，隐藏"背景"图层，茶叶抠图效果如图 3-44 所示。

图3-42 框选完整的茶杯　　　　图3-43 为茶杯创建选区　　　　图3-44 茶杯抠图效果

步骤 03 打开"茶叶 .jpg"文件（配套资源 :\ 素材文件 \ 第 3 章 \ 茶叶 .jpg），可发现其背景为纯白色，因此选择"魔棒工具" ，在工具属性栏中设置容差为"50"，在白色背景中单击即可为背景创建选区，如图 3-45 所示。

步骤 04 按【Shift+Ctrl+I】组合键反选茶叶图像，按【Ctrl+J】组合键复制选区内容到新图层中，隐藏"背景"图层，茶叶抠图效果如图 3-46 所示。

步骤 05 打开"新品上市广告背景 .psd"文件（配套资源 :\ 素材文件 \ 第 3 章 \ 新品上市广告背景 .psd），将抠取的图像分别添加到广告中，然后调整其大小、位置，以及图层顺序。新品上市广告的最终效果如图 3-47 所示，最后以"新品上市广告"为名另存文件（配套资源 :\ 效果文件 \ 第 3 章 \ 新品上市广告 .psd）。

图3-45 单击背景创建选区　　　　图3-46 茶叶抠图效果　　　　图3-47 新品上市广告的最终效果

3.3.5 "选择并遮住"命令

"选择并遮住"命令适合用于抠取带有毛发、羽毛的细致图像，可以与其他工具和命令组合使用，如先使用"快速选择工具" 建立选区，然后使用"选择并遮住"命令细化选区，方便抠取更精细的对象。选择【选择】/【选择并遮住】命令，打开"选

资源链接：
"选择并遮住"界面选项详解

择并遮住"界面，如图 3-48 所示，在左侧工具栏中选择需要的工具，在工具属性栏中设置工具属性，并在图像编辑中创建选区，然后在右侧参数栏中进行羽化、扩展、收缩和平滑处理等操作，处理好图像后，单击 确定 按钮，可返回工作界面查看效果。

图3-48 "选择并遮住"界面

3.3.6 "主体"命令

"主体"命令适合用于抠取主体明确且与背景有反差的图像，常用于快速置换证件照背景、抠取对象单一和主体明确的图像。选择【选择】/【主体】命令，Photoshop 可以自动识别图像中的主体对象，并为其创建选区，如图 3-49 所示。

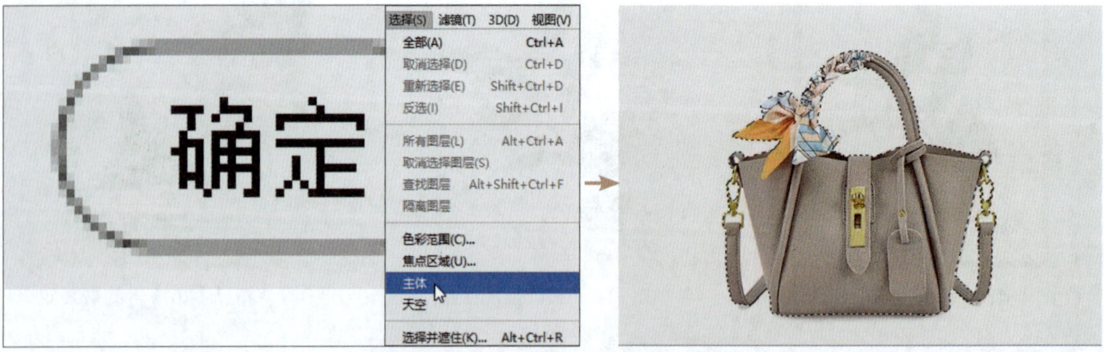

图3-49 使用"主体"命令选取图像

3.3.7 "色彩范围"命令

"色彩范围"命令允许用户通过设置色彩范围来抠取图像，也可以配合其他工具使用。若已经使用其他工具选中或创建选区，再使用此命令可在该选区中继续设置色彩范围进行图像抠取。选择【选择】/【色彩范围】命令，打开"色彩范围"对话框（见图3-50），将鼠标指针移至图像上，单击吸取颜色，在对话框中调整参数，其中"选择"下拉列表用于设置取样颜色；单击选中"检测人脸"复选框，在选择人像时，可以更加准确地选择肤色所在区域；"颜色容差"用于设置取样颜色的范围，以及控制取样颜色的选择程度；"范围"用于调整选区范围；"选区预览"下拉列表用于设置选区在图像编辑区中的预览方式，设置完成后单击 确定 按钮。

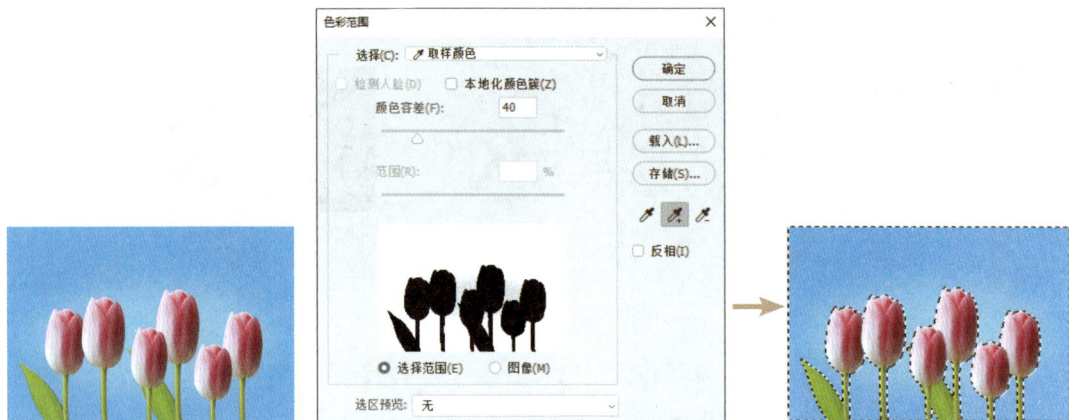

图3-50 使用"色彩范围"命令选取图像

> **知识补充**
>
> Photoshop 2023新增的上下文任务栏中还提供了用于一键抠图的按钮。打开一幅图像后，在图像编辑区的上下文任务栏中单击 选择主体 按钮，Photoshop将自动识别图像中的主体元素并为其创建选区；在上下文任务栏中单击 移除背景 按钮，Photoshop将自动识别图像中的背景并将其删除，从而保留并抠取主体元素。

3.3.8 课堂案例：设计植树节海报

植树节是以宣传保护树木为主要目的的节日，某校准备设计植树节海报并张贴在校园宣传栏中，以增强师生的环保意识。设计师需从提供的树木照片中抠出树木，然后结合海报背景和文案进行排版，制作出一张简约风格的植树节海报。具体操作如下。

微课视频

设计植树节海报

步骤01 打开"树木.jpg"文件（配套资源:\素材文件\第3章\树木.jpg），在上下文任务栏中单击 选择主体 按钮，或选择【选择】/【主体】命令，Photoshop可以自动识别图像中的树木，并为其创建选区，如图3-51所示。

步骤02 按【Ctrl+J】组合键复制选区中的图像到新图层中，隐藏"背景"图层，查看抠图效果，发现树枝之间还残留着蓝灰色天空图像。选择【选择】/【色彩范围】命令，打开"色彩范围"对话框，在树枝之间的蓝灰色天空图像处单击取

图3-51 为树木主体创建选区

样，该对话框中的预览窗口将以白色显示取样的颜色区域，再设置颜色容差为"145"，如图3-52
所示。

图3-52　设置色彩范围

　　步骤03　单击 确定 按钮，即可将蓝灰色天空图像创建为选区，按【Delete】键删除选区中
的内容，按【Ctrl+D】组合键取消选区，得到抠图效果，如图3-53所示。

　　步骤04　打开"背景和文案.psd"文件（配套资源:\素材文件\第3章\背景和文案.psd），
将抠取的图像添加到海报中，调整树木、文案的大小、位置和图层顺序，然后以"植树节海报"为名
另存文件（配套资源:\效果文件\第3章\植树节海报.psd），最终效果如图3-54所示。

图3-53　抠图效果

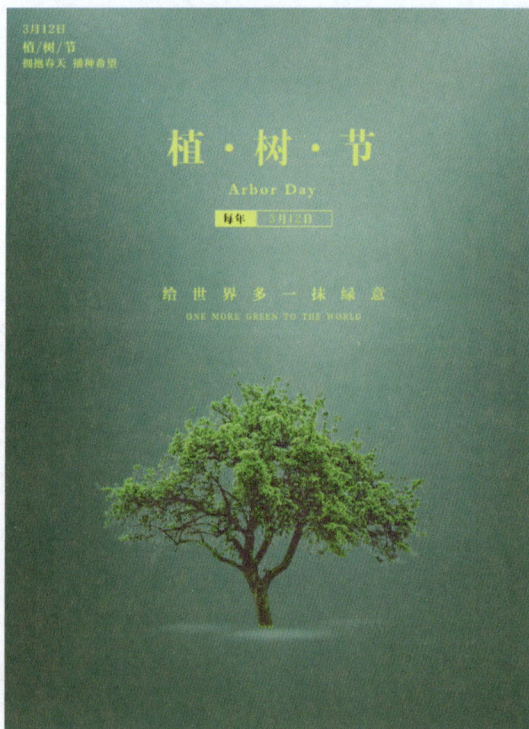

图3-54　植树节海报最终效果

AIGC 应用　一键抠图

一键抠图是一种基于人工智能技术的图像处理功能，利用深度学习算法自动分析图像内容，能够准确捕捉物体的边缘和细节，识别并分离出前景与背景，即自动识别图像中的主体、去除背景，从而抠出主体。

操作方法：上传图片，确认进行抠图操作后，AIGC工具便能实现一键抠图。

示例：

平台：Midjourney 中文站
模式：工具箱 > AI 抠图
上传图片：素材文件 \ 第 3 章 \ 皮包 .jpg
生成结果：效果文件 \ 第 3 章 \ 皮包抠图 .png

平台：腾讯 ARC Lab
模式：人像抠图
模型选择：V1.2
上传图片：素材文件 \ 第 3 章 \ 人像 .jpg
生成结果：效果文件 \ 第 3 章 \ 人像抠图 .jpg

课堂实训

实训1　设计露营攻略小红书笔记封面

实训目标

某旅游博主计划在小红书上发布一篇关于露营攻略的笔记，现需制作一张极具吸引力的卡通风格封面图，尺寸为"1242 像素 ×1660 像素"，要求抠取露营相关图像并将其添加到封面中，同时排版，突出笔记主题，参考效果如图 3-55 所示。

【素材位置】配套资源 :\ 素材文件 \ 第 3 章 \ "露营素材" 文件夹

【效果位置】配套资源 :\ 效果文件 \ 第 3 章 \ 露营攻略小红书笔记封面 .psd

实训思路

步骤 01　运用 AIGC 工具或 Photoshop 抠取露营图像素材。

步骤 02　创建封面图文件，置入背景图像。

步骤 03　通过绘制和填充选区操作，在底部制作撕纸风格的边框，在封面图中间制作贴纸效果的图像。

步骤 04　将抠取的图像添加到封面图中，载入抠图选区，为图像添加白色描边。

步骤 05　将露营文案素材添加到封面图中并排版，载入并移动标题选区，使其与标题略微错位，然后以标题文字颜色的近似色填充选区。

步骤06　通过选区为文案绘制装饰形状，保存文件。

图3-55　露营攻略小红书笔记封面参考效果

实训2　设计在线教育宣传广告

实训目标

　　某教育平台准备制作在线教育宣传广告并投放到人流量较大的公共场合中，要求广告文件的尺寸为"240mm×120mm"，内容简洁，视觉美观，参考效果如图3-56所示。

图3-56　在线教育宣传广告参考效果

　　【素材位置】配套资源:\素材文件\第3章\"在线教育宣传广告素材"文件夹

　　【效果位置】配套资源:\效果文件\第3章\在线教育宣传广告.psd

实训思路

步骤 01 运用 AIGC 工具或 Photoshop 选区抠取人物素材和装饰素材。

步骤 02 创建广告文件，添加背景素材、抠取的人物素材、装饰素材和文字素材并排版。

步骤 03 通过创建和编辑选区为文字绘制装饰性形状。

步骤 04 在广告右下角置入二维码素材，然后保存文件。

课后练习

练习1 设计生日会招贴

张萌萌小朋友即将过 4 岁生日，她特别喜欢小熊玩偶，家长准备为她举办一场生日会，需要设计一张"55 厘米 ×40 厘米"的生日会招贴张贴在宴会厅门口，以指引客人。要求招贴采用卡通风格，可利用 AIGC 工具生成有创意的蛋糕、小熊卡通图像，营造欢快的氛围，参考效果如图 3-57 所示。

图3-57 生日会招贴参考效果

【素材位置】配套资源:\ 素材文件 \ 第 3 章 \ "生日会招贴素材"文件夹

【效果位置】配套资源:\ 效果文件 \ 第 3 章 \ 生日会招贴 .psd

练习2 制作网店首页"新品推荐"板块

某原创家具品牌最近准备上架一批新品，需要重新制作网店首页中的"新品推荐"板块，尺寸为"1920 像素 ×1200 像素"，要求在其中展示新品，将新品图像和文案素材添加到板块中，布局规整、简洁，参考效果如图 3-58 所示。

图3-58　网店首页"新品推荐"板块参考效果

【素材位置】配套资源:\ 素材文件 \ 第 3 章 \ "新品推荐素材"文件夹

【效果位置】配套资源:\ 效果文件 \ 第 3 章 \ 新品推荐 .psd

练习3　设计关于节约粮食的地铁广告

某公司准备制作一个"3.05 米 ×1.56 米"的关于节约粮食的地铁广告，以呼吁人们珍惜粮食，要求广告画面简约，色彩明亮且具有视觉吸引力，主题明确，简单直观可利用 AIGC 工具生成简洁、有感染力的广告文案。关于节约粮食的地铁广告的参考效果如图 3-59 所示。

图3-59　关于节约粮食的地铁广告的参考效果

【素材位置】配套资源:\ 素材文件 \ 第 3 章 \ "节约粮食地铁广告素材"文件夹

【效果位置】配套资源:\ 效果文件 \ 第 3 章 \ 节约粮食地铁广告 .psd

🖐 职业素养

在地铁范围内展示的各种广告统称为地铁广告。地铁庞大的客流量使得地铁广告具有传播性强的特点，因此地铁广告备受各大企业青睐。地铁广告想要获得较好的效果，设计师在设计过程中需要注意以下方面：①画面应尽可能简洁，坚持"少而精"的设计原则；②视觉冲击力、吸引力和震撼力强，加深用户对广告的印象；③文案言简意赅、易读易记、风趣幽默、有号召力、有感染力，一般以一句话（主题语）来提醒用户广告的目的。

第 4 章

绘制与修饰图像

本章导读

　　绘制与修饰图像是设计过程中至关重要的环节。一方面，为了创作出视觉效果丰富、关键信息突出的图像效果，设计师常常需要借助Photoshop的画笔工具组、钢笔工具组及形状工具组等绘制图像。另一方面，当所使用的图像存在瑕疵时，设计师在设计作品前需要对图像进行修饰，提升图像的品质。

学习目标

1. 掌握绘制图像的方法。
2. 掌握绘制路径和矢量图形的方法。
3. 掌握修饰图像的方法。
4. 掌握应用 AIGC 工具生成标志、智能消除与涂抹替换的方法。

案例展示

1. 在海报、包装、标志设计等领域中，绘图都是构建画面元素的关键手段之一，请观察以下优秀作品的构图、色彩与细节处理等方面，思考其中的图像可以通过哪些方式绘制，并借鉴其优点。

2. 如果图像存在明暗关系不清晰、画面有污点或褶皱、画面中有多余物体等问题，如何对其进行修饰与修复呢？请结合下面两个 Photoshop 修饰与修复图像的案例进行思考。

4.1　绘制图像

为了让作品的效果更加贴合要求，或者在需要原创素材的情况下，可绘制图像。Photoshop 提供了多种绘制图像的工具，设计师能够借助这些工具绘制不同形态和色彩的图像，还能为这些图像添加图案、肌理、渐变等效果。

4.1.1　画笔工具组

在 Photoshop 中绘制图像主要使用画笔工具组，该工具组可用于绘制线条、图案，模拟铅笔效果，替换颜色和混合颜色，等等，是绘制图像时不可或缺的工具组。

1. 画笔工具

利用"画笔工具" ✎可以绘制出各种具有特殊效果的图像，如油画效果、水彩效果、毛笔笔触效果等。使用"画笔工具" ✎绘图时，需先在工具属性栏中设置画笔属性。"画笔工具"属性栏如

图 4-1 所示，部分选项的含义如下。

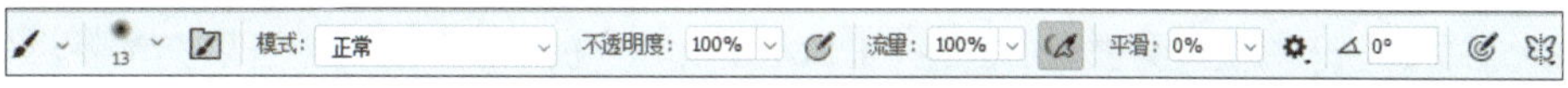

图4-1　"画笔工具"属性栏

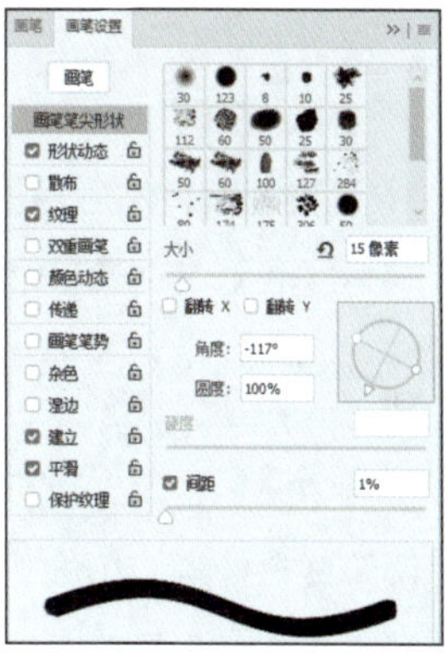

- **⦿ 按钮**：用于设置所选画笔的大小和硬度等参数。
- **☑ 按钮**：用于打开"画笔设置"面板，在其中可设置画笔笔尖形状，包括形状动态、散布、纹理、双重画笔、颜色动态、传递、画笔笔势、杂色、湿边、建立、平滑等，如图 4-2 所示。
- **模式**：用于设置当前使用的绘图颜色与原有底色进行混合的模式。
- **不透明度**：用于设置绘制时画笔色彩的透明程度。
- **◯ 按钮**：单击该按钮将其选中，在使用压感笔时，

图4-2　"画笔设置"面板

资源链接：
"画笔设置"面板
详解

压感笔的即时数据将自动覆盖"不透明度"设置；不选中该按钮时，由"画笔预设"控制压力。
- **流量**：用于设置绘制时画笔的压力程度。流量的数值越大，画笔笔触越浓。
- **"启用喷枪样式的建立效果"按钮◯**：单击该按钮将其选中，可启用喷枪工具进行绘制。此时在图像编辑区的任意位置单击或按住鼠标左键不放可进行绘制，按住鼠标左键的时间越长，颜色堆积得越多。
- **平滑**：用于设置描边的平滑度。
- **⚙** 用于设置平滑选项。
- **"设置画笔角度"按钮**：用于设置画笔的角度。
- **◯ 按钮**：单击该按钮，在使用压感笔时，压感笔的即时数据将自动覆盖"大小"设置。
- **"设置绘画的对称选项"按钮**：单击该按钮，在弹出的下拉菜单中可选择需要的模式，以便根据路径绘制出对称花纹。

2. 铅笔工具

当需要绘制具有铅笔效果或棱角分明的图像时，可使用"铅笔工具" ✐。"铅笔工具"属性栏（见图 4-3）和使用方法都与"画笔工具"的相似，但"铅笔工具"属性栏有"自动抹除"复选框，单击选中该复选框后，将鼠标指针的中心十字线移至包含前景色的区域中，拖曳鼠标指针可涂抹出背景色。如果单击时中心十字线不在前景色区域中，则将涂抹出前景色。这一功能只能用于已有图像，如果在新建的空白图层中涂抹，不会产生任何效果。

图4-3　"铅笔工具"属性栏

📋 **知识补充**

画笔工具组中还有另外两种工具："混合器画笔工具" ✐ 常用于绘制传统绘画和混合颜料的图像效果，如类似水彩画、油画的效果；"颜色替换工具" ✐ 常用于将图像中指定的颜色替换为另一种颜色。读者若想要进一步了解这两种工具，可扫描右侧的二维码进行查看。

资源链接：
混合器画笔工具
与颜色替换工具

4.1.2 填色工具

在绘制图像时，还需要设置图像的颜色，Photoshop 提供了多种工具用于填充颜色。

1. 油漆桶工具

若需要快速为图像填充颜色或图案，可选择"油漆桶工具" ，先在工具箱底部设置前景色，或者在工具属性栏中设置图案，然后将鼠标指针移至需要填充的位置，单击即可进行填充。"油漆桶工具"属性栏如图 4-4 所示，部分选项的含义如下。

图4-4 "油漆桶工具"属性栏

- **前景**：用于设置填充内容，在该下拉列表中可选择"前景"或"图案"选项。
- **容差**：用于定义填充颜色的范围。容差值低时，将填充在一定颜色范围内与单击位置的像素非常相似的像素；容差值高时，将填充更大范围内的像素。
- **消除锯齿**：单击选中该复选框，将平滑填充选区的边缘。
- **连续的**：单击选中该复选框，将填充与单击处相邻的像素；取消选中该复选框，可填充图像中所有相似的像素。
- **所有图层**：单击选中该复选框，将填充所有可见图层；取消选中该复选框，则仅填充当前图层。

2. 渐变工具

当需要为图像填充逐渐变化的颜色时，可使用"渐变工具" 。在图像编辑区内的任意位置（该位置即起点）按住鼠标左键不放并拖曳鼠标指针，释放鼠标左键（此时的位置即终点）后可填充渐变颜色。"渐变工具"属性栏如图 4-5 所示，部分选项的含义如下。

图4-5 "渐变工具"属性栏

- **渐变**：用于选择创建渐变的方式。选择"渐变"选项，则使用渐变构件创建渐变调整图层；选择"经典渐变"选项，则对当前图层创建渐变效果。

资源链接：
创建渐变的两种
方式详解

- ▇▇▇▇ ：用于设置渐变颜色，单击右侧的 ∨ 按钮，可在打开的下拉列表中选择不同的预设渐变颜色。
- **渐变样式**：用于设置渐变样式。单击"线性渐变"按钮■，可创建以直线为起点和终点的渐变；单击"径向渐变"按钮■，可创建以径向方式从起点到终点的渐变；单击"角度渐变"按钮■，可创建逆时针旋转的渐变；单击"对称渐变"按钮■，可创建从起点出发，两侧呈镜像的匀称线性渐变；单击"菱形渐变"按钮■，可创建一种颜色从中心点向四周以菱形形状扩散的渐变效果。
- **反向**：单击选中该复选框，可产生与当前渐变颜色顺序相反的渐变颜色。

- **仿色**：单击选中该复选框，可使渐变效果更加平滑，常用于防止打印渐变图像时出现条带化现象。
- **方法**：在该下拉列表框中可选择渐变填充的方法，包括线性、古典、可感知 3 种。利用这些方法可使渐变效果更准确、更便于控制。

4.1.3　橡皮擦工具

选择"橡皮擦工具" 🩹，按住鼠标左键拖曳鼠标指针，即可擦除图像，被擦除的区域将变为背景色或透明区域。"橡皮擦工具"属性栏如图 4-6 所示，部分选项的含义如下。

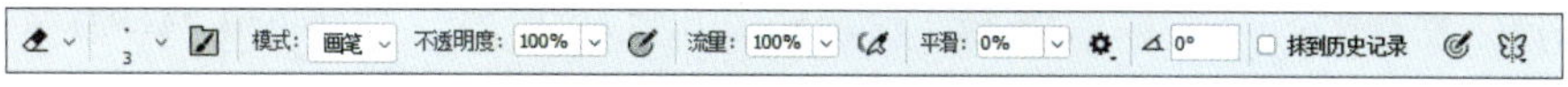

图4-6　"橡皮擦工具"属性栏

- **模式**：用于选择橡皮擦的种类。选择"画笔"选项时，将创建柔和的擦除效果；选择"铅笔"选项时，将创建明显的擦除效果；选择"块"选项时，擦除效果将接近块状。
- **不透明度**：用于设置擦除效果，数值较高时，被擦除的区域更干净。
- **流量**：用于设置橡皮擦的涂抹速度。
- **抹到历史记录**：单击选中"抹到历史记录"复选框，在"历史记录"面板中选择一个快照或状态，可快速恢复图像为指定状态。

4.1.4　课堂案例：绘制茶叶包装插画

某品牌上新了一款春茶，其产品包装准备采用插画风格，设计师需要绘制一幅"20 厘米 ×22 厘米"的插画，展现蓝天白云下茶农在绿色的茶田中采茶的场景，要求视觉效果美观、自然、清新。具体操作如下。

微课视频

绘制茶叶包装插画

步骤 01　新建名称、宽度、高度、分辨率、颜色模式分别为"茶叶包装插画""20 厘米""22 厘米""300 像素 / 英寸""CMYK 颜色"的文件。设置前景色为"#defaff"，选择"油漆桶工具" 🪣，在图像编辑区中单击，将背景填充为天蓝色。

步骤 02　新建图层，设置前景色为白色，选择"画笔工具" 🖌，在工具属性栏中设置画笔样式为"Kyle 的绘画盒 – 快乐 HB"，大小为"50 像素"，在画布中通过单击和涂抹的方式绘制白云，如图 4-7 所示。

> 📋 **技巧经验**
>
> 在绘制过程中难免会出错，设计师可在英文输入法状态下按【E】键快速切换至"橡皮擦工具" 🩹进行擦除，然后按【B】键切换回"画笔工具" 🖌。使用"画笔工具" 🖌和"橡皮擦工具" 🩹时通常需要多次调整画笔大小，为便于操作，可按【]】键直接增大画笔，按【[】键直接缩小画笔。

步骤 03　新建图层，设置前景色为"#8ab565"，使用"画笔工具" 🖌绘制浅绿色山脉；设置前景色为"#89c754"，画笔样式为"Kyle 的喷溅画笔 – 压力控制 02"，在山脉上涂抹，绘制出代表绿植的斑点；选择"橡皮擦工具" 🩹，擦除超出山脉的斑点，如图 4-8 所示。

步骤04   按照与步骤03相同的方法，绘制深绿色山脉，如图4-9所示。

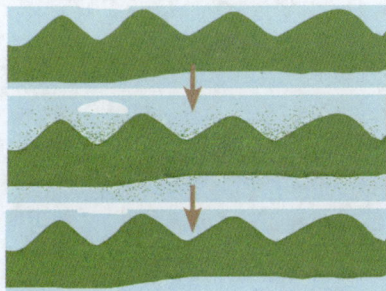

图4-7   绘制白云   图4-8   绘制浅绿色山脉及绿植   图4-9   绘制深绿色山脉

步骤05   新建图层，设置前景色为"#4f8325"，画笔样式为"Kyle的绘画盒 – 快乐HB"，大小为"100像素"，在画面右下方绘制茶田底色；设置前景色为"#77a140"，选择"铅笔工具" ，在工具属性栏中设置大小为"2像素"，在茶田底色上绘制多条曲线，划分出多块茶田。使用相同方法绘制其他茶田底色并划分区域，效果如图4-10所示。

步骤06   新建图层，设置前景色为"#9fd23d"，选择"画笔工具" ，设置画笔样式为"Kyle的概念画笔 – 树叶混合2"，大小为"100像素"。在工具属性栏中单击 按钮，打开"画笔设置"面板，单击选中"传递"复选框，设置流量抖动为"56%"；单击选中"散布"复选框，设置散布为"100%"，在左下角的茶田上按住鼠标左键，拖曳鼠标指针，以绘制茶叶，如图4-11所示。

步骤07   修改前景色为绿色、深绿色、黄绿色，在茶叶上多次单击，绘制出不同颜色的茶叶，如图4-12所示。

图4-10   绘制茶田底色并划分区域   图4-11   绘制茶叶   图4-12   丰富茶叶效果

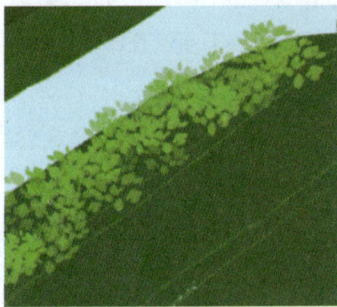

步骤08   在茶田所在图层下方新建图层，设置前景色为"#61611c"，画笔样式为"Kyle的真实油画 –01"，大小为"168像素"，在茶田间隙的蓝色区域绘制棕色泥土；修改前景色为近似的棕色，在泥土上多次单击，制作出泥泞感和凹凸感，效果如图4-13所示。

步骤09   新建图层，设置画笔样式为"硬边圆"，大小为"10像素"，绘制4个穿梭在茶田间的茶农。对于每个茶农，只需绘制帽子、头、衣服、双手，效果如图4-14所示。

步骤10   打开"产品名称.psd"文件（配套资源:\素材文件\第4章\产品名称.psd），使用"移动工具" 将其中所有内容拖曳到插画文件中，调整其大小和位置，保存文件（配套资源:\效果文件\第4章\茶叶包装插画.psd）。茶叶包装插画最终效果如图4-15所示。

图4-13 绘制泥土

图4-14 绘制茶农

图4-15 茶叶包装插画最终效果

AIGC 应用　生成茶叶包装插画

用AIGC工具生成插画是一种新的设计方式，AIGC工具生成的插画具有高度的可定制性。设计师可以根据茶叶的种类、品牌故事和目标市场，调整茶叶包装插画的风格、色彩和构图，使其更加符合品牌定位和消费者喜好。通过训练模型学习大量传统与现代茶叶包装插画样本，AIGC工具能够自动生成具有独特风格和高艺术价值的插画。此外，AIGC工具还能大大提高插画的生产效率，缩短设计周期，降低包装设计成本，为包装行业带来全新的设计思路。

提示词描述方式：插画用途或主题，背景，主要元素，氛围，色彩，光线，风格，视角

示例：

平台：Midjourney 中文站
模式：NJ6.0（动漫质感）

平台：通义万相
模式：文字作画 > 万相 2.0 极速

尺寸：1 : 1

提示词：茶叶包装插画，蓝天白云，远山背景，茶农在采茶，茶山，绿色茶田，竹篮，茶叶嫩芽，柔和阳光，清新色彩，远景，广角

生成结果：效果文件 \ 第4章 \ 茶叶包装插画（1）.png、茶叶包装插画（2）.png

4.2 绘制路径和矢量图形

在 Photoshop 中，使用矢量绘图工具绘制的路径、形状均为矢量图形，这是一种无损压缩的图像，常用于插画、网页、VI（Visual Identity，视觉识别系统）、UI（User Interface，用户界面）等设计中。

4.2.1 认识路径

路径是一种不包括像素的轮廓，根据起点与终点的不同可以分为开放式路径和闭合式路径。另外，绘制多个闭合式路径可以构成更为复杂的图形，而这些路径又可以称为该图形的"子路径"。从

外观上看，路径由线段、锚点、控制柄等组成，如图 4-16 所示。

图4-16　路径的组成

- **线段**：路径上的线段可分为直线段和曲线段两种类型。
- **锚点**：路径上连接直线段或曲线段的小正方形就是锚点。当锚点显示为实心小正方形时，表示该锚点为选择状态。
- **控制柄**：控制柄由方向线和控制点组成，选择锚点后，该锚点上将显示控制柄，拖曳控制点可调整方向线的位置、长短，从而修改锚点所在线段的形状和弧度。

4.2.2　钢笔工具组

若想绘制形状不规则的矢量图形，可以使用钢笔工具组中的工具，包括"钢笔工具" ✐、"自由钢笔工具" ✐、"弯度钢笔工具" ✐、"添加锚点工具" ✐、"删除锚点工具" ✐、"转换点工具" ⌐，各个工具的作用和使用方法如下。

- **"钢笔工具" ✐**：用于绘制由直线段或曲线段组成的图形。选择该工具，在工具属性栏中设置模式为"形状"，其他参数根据具体需求设置，在图像编辑区中单击创建锚点，然后移动鼠标指针，再单击可创建直线段；或单击后，按住鼠标左键不放并拖曳鼠标指针，可创建曲线段，当鼠标指针重回初始锚点变为 ✎ 状态时，单击该锚点可闭合图形。
- **"自由钢笔工具" ✐**：用于绘制形状更加自然、随意的图形。选择该工具，在图像编辑区内单击创建锚点，然后直接移动鼠标指针，顺着移动轨迹将自动创建锚点生成线段，当鼠标指针重回初始锚点变为 ✎ 状态时，单击初始锚点可闭合图形，如图 4-17 所示。
- **"弯度钢笔工具" ✐**：用于绘制由平滑曲线和直线段构成的图形。选择该工具，在图像编辑区中创建两个锚点后，在单击创建第 3 个锚点时，Photoshop 将自动连接 3 个锚点，并且形成平滑的曲线，如图 4-18 所示。当鼠标指针重回初始锚点变为 ✎ 状态时，单击该锚点可闭合图形。

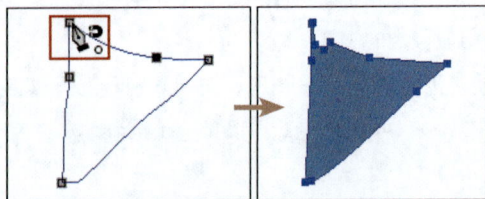

图4-17　使用自由钢笔工具绘制图形

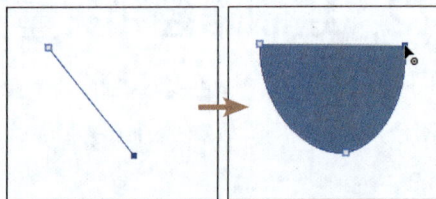

图4-18　使用弯度钢笔工具创建锚点

- **"添加锚点工具" ✐ 和 "删除锚点工具" ✐**：用于在绘制的线段上添加锚点或删除锚点。选择"添加锚点工具" ✐ 或 "删除锚点工具" ✐ 后，将鼠标指针移动到路径或锚点上，当鼠标指针变为 ✎ 或 ✎ 状态时单击，可在单击处添加或者删除锚点。

- "**转换点工具**" ⊾：用于转换锚点来调整线段形状，在平滑点（指连接曲线的锚点）上单击，平滑点将被转换为角点（指连接直线或转角曲线的锚点）；在角点上单击，角点将被转换为平滑点。

4.2.3　选择与编辑路径

初步绘制的路径可能不符合设计需求，此时就需要编辑路径，而编辑路径前需要先将路径选中。

1. 选择路径

选择路径是编辑路径的第一步，常用的选择路径的工具有以下两种。

- "**路径选择工具**" ▶：用于选择完整路径。选择"路径选择工具" ▶，在路径上单击即可选择该路径，在路径上按住鼠标左键不放并拖曳鼠标指针，可移动所选路径。

- "**直接选择工具**" ▷：用于选择路径中的线段、锚点和控制柄等。选择"直接选择工具" ▷，在路径上的任意位置单击，将出现锚点和控制柄，任意选择路径中的线段、锚点或控制柄，然后按住鼠标左键不放并向其他方向拖曳鼠标指针，可编辑所选对象。

2. 编辑路径

前文已经介绍了钢笔工具组中的"转换点工具" ⊾ 可以编辑路径锚点，达到编辑路径的效果，其他常用的路径编辑操作如下。

- **转换路径为选区**：选中路径后，按【Ctrl+Enter】组合键；或单击鼠标右键，在弹出的快捷菜单中选择"建立选区"命令，在打开的"建立选区"对话框中设置参数后，单击 确定 按钮。

- **填充路径**：在路径上单击鼠标右键，在弹出的快捷菜单中选择"填充路径"命令，在打开的"填充路径"对话框中设置参数后，单击 确定 按钮。

- **描边路径**：在路径上单击鼠标右键，在弹出的快捷菜单中选择"描边选区"命令，在打开的"描边选区"对话框中设置参数后，单击 确定 按钮。

4.2.4　课堂案例：绘制陶瓷品牌标志

专做陶瓷工艺品的瓷器品牌"花瓷"需要设计"500 像素 × 300 像素"的品牌标志，要求以其主营的陶瓷花瓶的造型为核心设计元素，添加花朵图案，采用扁平化风格，具有中国风韵味，在标志中展示品牌名称，标志具备识别性。具体操作如下。

微课视频

绘制陶瓷品牌
标志

步骤 01　新建名称、宽度、高度、分辨率分别为"陶瓷品牌标志""500 像素""300 像素""300 像素 / 英寸"的文件。选择【视图】/【参考线】/【新建参考线】命令，打开"新参考线"对话框，单击选中"垂直"单选项，设置位置为"250 像素"。

步骤 02　选择"钢笔工具" ⌀，在工具属性栏中设置工具模式为"形状"，填充为"无颜色"，描边为"#0e3583"，描边宽度为"10 像素"，单击 —— 按钮，在打开的"描边选项"下拉面板中设置角点为"圆形"，在参考线靠上的位置单击，然后按住【Shift】键不放并在右侧单击得到水平线，然后松开【Shift】键，在下方单击并拖曳鼠标指针绘制花瓶瓶嘴，如图 4-19 所示。

步骤 03　按【Enter】键结束开放路径的绘制，然后在该路径中段单击，以此为起点绘制瓶身，如图 4-20 所示。

技巧经验

绘制路径时，当鼠标指针变为 ⬚ 形状时，在路径上单击可添加锚点；当鼠标指针在锚点上变为 ⬚ 形状时，单击可删除该锚点；按住【Alt】键不放，将鼠标指针移动到锚点上，可切换为"转换点工具" ⬚ 来调整锚点；按住【Ctrl】键不放，可切换为"直接选择工具" ⬚。

步骤 04　选中瓶嘴和瓶身所在图层，按【Ctrl+J】组合键复制，按【Ctrl+T】组合键进入自由变换状态，在上下文任务栏中单击"水平翻转"按钮 ⬚，然后将图案移动到参考线左侧，按【Enter】键确认变换，完整瓶身效果如图 4-21 所示。

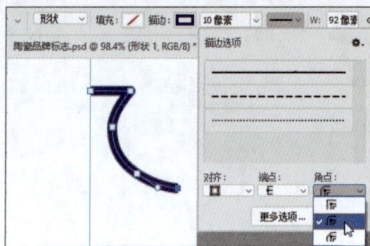

图4-19　绘制花瓶瓶嘴　　　　图4-20　绘制瓶身　　　　图4-21　完整瓶身效果

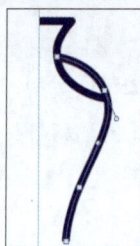

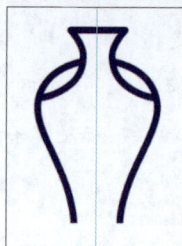

步骤 05　选择"弯度钢笔工具" ⬚，在工具属性栏中设置工具模式为"形状"，填充为"bc8035"，描边为"无颜色"，在花瓶底部绘制一个圆润的图形（在该图形的四角、四边中点共创建 8 个锚点），如图 4-22 所示。

步骤 06　将鼠标指针移至上下两边的锚点上，调整上下两边至水平。然后，将鼠标指针移至图形左上角的锚点上，当鼠标指针变为 ⬚ 形状时双击，可将当前锚点转换为尖角锚点，使用相同方法转换其他 3 个角的锚点，得到较为尖锐的四角，如图 4-23 所示。

步骤 07　使用"钢笔工具" ⬚ 在花瓶中央绘制花朵图案，如图 4-24 所示。

步骤 08　使用"横排文字工具" ⬚ 在图形中央输入"花瓷"文字，选择【窗口】/【字符】命令，打开"字符"面板，设置字体、字距、颜色分别为"方正 FW 珍珠体 简""200""#ffffff"，在"字符"面板底部单击"仿粗体"按钮 ⬚。

步骤 09　在图形下方输入"Flower china"文字，设置字体、字距、颜色分别为"Footlight MT Light""0""#0e3583"，调整文字的大小和位置，保存文件（配套资源:\效果文件\第 4 章\陶瓷品牌标志 .psd）。最终效果如图 4-25 所示。

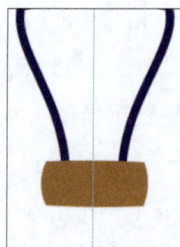

图4-22　绘制一个圆润的图形　图4-23　转换锚点　图4-24　绘制花朵图案　图4-25　陶瓷品牌标志最终效果

AIGC 应用　生成标志

AIGC工具通过关键词和大数据分析，能够迅速识别品牌理念、行业特点和目标受众，并据此生成多种标志设计方案，从而设计出标志。AIGC工具生成标志不仅速度快，还能为设计师提供多样化的创意选择，满足个性化需求，成本更低，且易于修改和优化。

提示词描述方式：标志名称，用途，主体形象，具象或抽象，风格，色彩

示例：

平台：即梦 AI
模式：AI 作图 > 图片生成
生图模型：图片 2.0 Pro
比例：1：1
提示词：标志设计，陶瓷标志平面图，瓷器，花瓶，瓷器上有花朵图案，传统风格，极简风格，色彩简单
生成结果：效果文件\第4章\标志（1）.tif、标志（2）.tif、标志（3）.tif、标志（4）.tif

4.2.5　形状工具组

若需要绘制不同形状的几何图形，可使用形状工具组。其中，"矩形工具" ▢ 可用于绘制矩形或者圆角矩形，"椭圆工具" ◯ 可用于绘制圆和椭圆，"三角形工具" △ 可用于绘制三角形，"多边形工具" ⬠ 可用于绘制不同边数的正多边形，"直线工具" ╱ 可用于绘制不同粗细和效果的直线，"自定形状工具" ⬡ 可用于绘制 Photoshop 预设的图形。

形状工具组内工具的使用方式都比较相似，选择任一工具，保持工具属性栏中的模式为"形状"，在工具属性栏中设置填充和描边颜色后，在图像编辑区中拖曳鼠标指针即可绘制对应形状。

4.2.6　路径运算操作

路径运算操作用于运算两个或两个以上的形状或路径，在形状工具组任一工具的工具属性栏中单击 ▢ 按钮；或选择矢量图形后，在"属性"面板中找到"路径查找器"栏，均可进行路径运算操作。"路径查找器"栏包含"合并形状"按钮 ▢、"减去顶层形状"按钮 ▢、"交叉形状区域"按钮 ▢、"排除重叠形状"按钮 ▢，使用这些按钮可得到不同的效果。路径查找器的运算效果如图 4-26 所示。

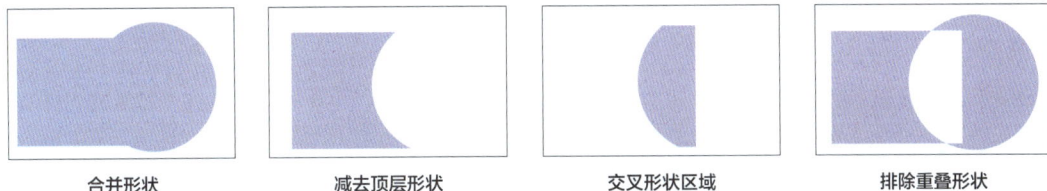

合并形状　　　　　减去顶层形状　　　　　交叉形状区域　　　　　排除重叠形状

图4-26　路径查找器的运算效果

4.2.7　课堂案例：绘制Wi-Fi图标

微课视频

绘制Wi-Fi
图标

Wi-Fi 图标是手机状态栏的重要元素之一，设计师现需设计一个易于理解的 Wi-Fi 图标，要求其由间距均等、形态标准的扇形和圆弧组成，尺寸为"600 像素 × 600 像素"。具体操作如下。

步骤 01　新建名称、宽度、高度、分辨率分别为"Wi-Fi 图标""600 像素""600 像素""300 像素 / 英寸"的文件。

步骤 02　选择"椭圆工具" ⬭，在工具属性栏中设置填充为"黑色"，描边为"无颜色"，然后在图像编辑区中单击，打开"创建椭圆"对话框，设置宽度、高度均为"100 像素"，单击 确定 按钮创建对应尺寸的圆。

步骤 03　使用步骤 02 的方法依次创建直径为"200 像素""300 像素""400 像素""500 像素"的圆，将所有圆居中对齐在图像编辑区中，且小圆图层位于大圆图层上方，再以黑色、灰色间隔填充，效果如图 4-27 所示。

步骤 04　全选所有圆所在的图层，在图层上单击鼠标右键，在弹出的快捷菜单中选择"合并形状"命令。使用"直接选择工具" ▷ 单击圆，可查看其中的多个同心圆轮廓，再选中直径为 400 像素的圆，在工具属性栏中设置路径操作模式为"减去顶层形状"，如图 4-28 所示。

步骤 05　使用"直接选择工具" ▷ 单击选中直径为 200 像素的圆，设置路径操作模式为"减去顶层形状"，制作出同心圆环效果，如图 4-29 所示。

图4-27　绘制同心圆

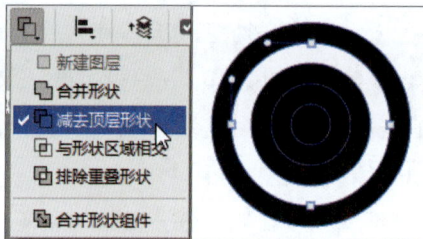

图4-28　减去顶层形状

图4-29　同心圆环效果

步骤 06　选择"矩形工具" ▭，按住【Shift】键绘制一个灰色正方形。按【Ctrl+T】组合键，在工具属性栏中设置旋转为"45 度"，并调整正方形大小至覆盖所有圆，再将正方形下面的顶点放置在圆心处，如图 4-30 所示。

步骤 07　同时选中正方形和圆所在图层，合并形状。使用"直接选择工具" ▷ 选中正方形，设置路径操作模式设置为"与形状区域相交"，效果如图 4-31 所示。

步骤 08　设置路径操作模式为"合并形状组件"，得到最终的 Wi-Fi 路径，如图 4-32 所示。

图4-30　调整正方形的
大小、位置

步骤 09　在工具属性栏中修改填充为"黑色"，保存文件（配套资源 :\ 效果文件 \ 第 4 章 \Wi-Fi 图标 .psd）。最终效果如图 4-33 所示。

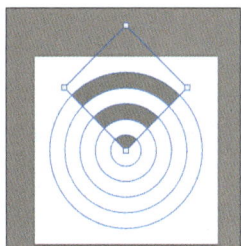

图4-31　相交效果　　　　图4-32　最终的Wi-Fi路径　　　　图4-33　Wi-Fi图标最终效果

4.3　修饰图像

在图像处理过程中，对于一些主体物和背景无法区分、层次不明、明暗对比不够强烈，以及因光线不佳导致色彩过暗的图像，可以通过 Photoshop 中的修饰图像工具进行处理。

4.3.1　修饰工具组

当需要美化图像局部细节，以及突显图像主体时，可以使用修饰工具组中的工具，包括"模糊工具" △、"锐化工具" △、"加深工具" ◎、"减淡工具" ●、"涂抹工具" ◎和"海绵工具" ●。

- "模糊工具" △：用于降低图像中相邻像素之间的对比度，减少图像细节，使图像产生模糊效果。选择该工具，在工具属性栏中根据具体需求设置相关参数后，在图像中单击，或按住鼠标左键不放并拖曳鼠标指针，能使图像产生模糊效果。

- "锐化工具" △：用于提高图像中相邻像素之间的对比度，增加图像细节，使模糊的图像变得更加清晰、细节鲜明，但若反复锐化图像，易造成图像失真。其使用方法与"模糊工具" △一致。

- "加深工具" ◎：用于降低图像的曝光度，使图像中指定区域变暗。选择该工具，在工具属性栏中根据具体需求设置相关参数后，在图像中单击，或按住鼠标左键不放拖曳鼠标指针，能使图像加深。图 4-34 所示为加深星空阴影区域前后的对比效果。

图4-34　加深星空阴影区域前后的对比效果

- "减淡工具" ●：作用与"加深工具" ◎相反，用于提高图像的曝光度，使图像中指定区域变亮，但使用方法与"加深工具" ◎一致。

- "涂抹工具" ◎：可以模拟手指在图像中涂抹的效果，从而使图像中不同颜色之间的过渡更加自然。选择该工具，在工具属性栏中根据具体需求设置相关参数后，在图像中按住鼠标左键不放并拖曳鼠标指针，将沿着拖曳方向涂抹画面内容，如图 4-35 所示。

- "海绵工具" ●：用于为指定图像区域提高饱和度或降低饱和度。选择该工具，在工具属性栏中根据具体需求设置相关参数后，在图像中单击，或按住鼠标左键不放并拖曳鼠标指针，能改变指定图像区域的饱和度。

图4-35 涂抹海浪前后的对比效果

4.3.2 课堂案例：美化月饼商品图片

由于光线、拍摄技术等原因，某摄影师拍摄的月饼商品图片色彩不鲜明、没有吸引力，月饼和背景无法区分，层次不明，因此摄影师需要通过虚化背景、锐化月饼、提高饱和度、调整局部明暗等方式修饰图片，使其效果更好。具体操作如下。

微课视频
美化月饼商品
图片

步骤 01 打开"月饼.jpg"文件（配套资源:\素材文件\第4章\月饼.jpg），选择"模糊工具" ◌，在工具属性栏中设置画笔大小为"300"，强度为"100%"，在茶壶、茶杯、托盘等背景图像上多次单击和涂抹；选择"锐化工具" △，在工具属性栏中设置画笔大小为"300"，强度为"60%"，在月饼图像上单击。模糊与锐化前后的对比效果如图 4-36 所示。

图4-36 模糊与锐化前后的对比效果

步骤 02 选择"减淡工具" 🔍，在工具属性栏中设置画笔大小为"550"，范围为"阴影"，曝光度为"15%"，在右侧背景和托盘阴影上涂抹；设置范围为"高光"，曝光度为"50%"，在月饼上涂抹；设置范围为"中间调"，曝光度为"30%"，在所有背景上涂抹，效果如图 4-37 所示。

步骤 03 选择"海绵工具" 🧽，在工具属性栏中设置画笔大小为"900"，模式为"加色"，流量为"30%"，在橙色背景上涂抹；设置画笔大小为"400"，流量为"19%"，在月饼上多次单击，再多次单击背景中色彩较淡的区域，效果如图 4-38 所示，保存文件（配套资源:\效果文件\第4章\月饼.jpg）。

图4-37 减淡图像

图4-38 为图像加色

4.3.3　修复工具组

如果图像有缺失的部分，或有多余部分需要遮盖，可以使用修复工具组中的工具进行修复。

- **"污点修复画笔工具"** ：用于快速去除图像中的污点、划痕等小瑕疵。操作时，只需要在修复的区域拖曳鼠标指针或单击，便可去除该瑕疵，并自动根据周围图像进行填充。
- **"移除工具"** ：用于轻松移除对象、人物和瑕疵等干扰因素。在需要移除的对象上单击进行涂抹，涂抹轨迹将显示为紫色，涂抹至覆盖整个需要移除的对象的程度后释放鼠标左键，Photoshop将自动移除对象，如图4-39所示。

图4-39　使用"移除工具"去掉水印和人物

- **"修复画笔工具"** ：可以用图像中与被修复区域相似的颜色来修复图像。修复前需要先按住【Alt】键，在图像中用于参考的像素位置单击进行取样，然后将鼠标指针移动到要修复的图像区域单击或涂抹。
- **"修补工具"** ：可以指定修复区域。先在工具属性栏中设置修补方式，然后在图像上拖曳鼠标指针，为需要修复的图像区域建立选区，将鼠标指针移动到选区上，按住鼠标左键不放使选区朝取样区域移动，可发现需要修补的选区逐渐被取样区域的效果覆盖。
- **"内容感知移动工具"** ：在移动或扩展图像时，可以使新图像与原图像较为自然地融合。若在工具属性栏中设置模式为"移动"，则将选定需要修复的图像，按住鼠标左键不放，将其拖曳到目标位置，原位置将被自动填充。若设置模式为"扩展"，则将选定需要移动的图像，按住鼠标左键不放，将其拖曳到目标位置，可发现选定的图像被复制到了目标位置，原位置的图像不变。
- **"红眼工具"** ：用于快速去掉图像中人物眼睛中由闪光灯引发的反光斑点。选择该工具，在图像中出现红眼的区域内单击，可修复红眼问题。
- **"仿制图章工具"** ：用于将图像的一部分复制到同一图像的另一位置，从而修复图像。先按住【Alt】键不放，在图像中单击进行取样，然后将鼠标指针移动到需要修复的区域反复单击或涂抹，即可将取样点周围的图像复制到单击点周围。

知识补充

除了使用工具修复图像外，Photoshop还提供了"内容识别填充"命令来自动识别修复，操作非常便捷。具体方法为：先为需要修复的区域建立选区，再选择【编辑】/【内容识别填充】命令，打开"内容识别填充"界面，根据预览效果在该界面右侧设置参数调整效果，完成后单击 确定 按钮。

2024版本的Photoshop还具有生成式填充（又叫创成式填充）功能，该功能由Adobe Firefly（创意生成式AI模型系列）提供，Photoshop需要连接互联网进行云处理。具体方法为：先为需要处理的部分创建选区，然后选择【编辑】/【生成式填充】命令，或在上下文任务栏中单击 `G 创成式填充` 按钮，再输入文字描述（也可不描述），即可进行删除元素、新增元素、拓展图片等操作。

4.3.4 课堂案例：去除商品图片中的多余物体

某摄影师为某款运动鞋拍摄商品图片时，为取得创意效果，运用了黑色支架、透明鱼线来悬挂运动鞋和网球，后期处理时需要去除商品图片中的这些辅助道具。具体操作如下。

微课视频

去除商品图片中的多余物体

步骤01 打开"运动鞋.jpg"素材文件（配套资源:\素材文件\第3章\运动鞋.jpg），如图4-40所示，按【Ctrl+J】组合键复制"背景"图层。

步骤02 选择"污点修复画笔工具" ，在工具属性栏中设置画笔大小为"15"，硬度为"52%"，类型为"内容识别"，在鱼线上单击并按住鼠标左键不放，沿着鱼线拖曳鼠标指针进行涂抹，如图4-41所示。多次重复操作，直至去除所有鱼线。在涂抹鱼线与运动鞋、网球连接处时，可放大视图用不断单击的方式来更细致地去除鱼线。去除鱼线的效果如图4-42所示。

图4-40 打开素材   图4-41 涂抹鱼线   图4-42 去除鱼线的效果

"类型"栏用于设置修复图像过程中所采用的修复类型。单击 `内容识别` 按钮后，Photoshop将比较笔触附近的图像内容，不留痕迹地填充笔触区域，同时保留图像的关键细节，如阴影和对象边缘；单击 `创建纹理` 按钮后，Photoshop将使用笔触区域中的所有像素创建一个用于修复该区域的纹理，并使该纹理与周围的纹理相协调；单击 `近似匹配` 按钮后，Photoshop可使用笔触周围的像素来匹配近似的像素，以修补笔触区域。

步骤03 选择"修补工具" ，设置扩散为"5"，在左上角的支架处按住鼠标左键不放绘制选区，框选支架；将鼠标指针移至选区内，按住鼠标左键，向下方背景处拖曳选区；松开鼠标左键，按【Ctrl+D】组合键取消选区，查看修补效果，如图4-43所示。

1. 绘制选区，框选支架

2. 向下方背景处拖曳选区

3. 取消选区，查看修补效果

图4-43　修补效果

📖 **技巧经验**

　　"扩散"参数用于控制修复区域以怎样的速度适应周围的图像。图像中如果有颗粒或精细的细节，则可设置较低的扩散值；图像如果比较平滑，则可设置较高的扩散值。

　　步骤 04　使用与步骤 03 相同的方法，依次去除其他支架。若修补区域在首次修补后出现不自然的情况，可多次重复修补，直至去除所有支架，效果如图 4-44 所示。

　　步骤 05　选择"仿制图章工具" 🔖，设置画笔样式为"柔边圆"，大小为"150"，硬度为"60%"，按住【Alt】键不放，在运动鞋下方的草坪处单击进行取样，然后将鼠标指针移至草坪中的支架底座上，多次单击或涂抹，如图 4-45 所示。

　　步骤 06　使用与步骤 05 相同的方法，去除草坪中的所有支架底座及草坪左下方的杂草。在此过程中可以根据修复情况重新取样，或调整画笔大小、硬度，并保存文件（配套资源 :\ 效果文件 \ 第 4 章 \ 运动鞋 .psd ）。最终效果如图 4-46 所示。

图4-44　去除所有支架的效果　　　　图4-45　仿制草坪去除底座的效果　　　　图4-46　最终效果

AIGC 应用　AI智能消除与AI涂抹替换

　　AI智能消除功能会对用户选定的区域进行消除，并根据周围图像对该区域进行智能重绘，以保持画面自然、完整。这种功能常用于摄影后期处理、图片水印消除。AI智能消除功能还常与AI涂抹替换功能一起使用，后者可将所选区域的内容替换为新的内容。

　　操作方法：上传需要处理的图片后，框选或涂抹需要消除的区域，然后确认消除即可。若需涂抹替换，则还要输入提示词（用于描述需要将选中区域的内容替换为什么内容）。

　　示例：

平台：Midjourney 中文站
模式：工具箱 > AI 消除笔 > 局部消除
上传图片：素材文件 \ 第 4 章 \ 食物 .jpg
涂抹区域：桌面上的多余面粉和右下角的水印（涂抹区域将以绿色高亮显示）
生成结果：效果文件 \ 第 4 章 \ 无痕消除画面内容 .jpg

平台：神采 AI
模式：生成式工具 > 涂抹替换
上传图片：素材文件 \ 第 4 章 \ 码头 .jpg
对选区的操作：替换
涂抹区域：水面上的所有货轮（涂抹区域将以紫色高亮显示）
替换内容提示词：港口停着一艘游艇
生成结果：效果文件 \ 第 4 章 \ 码头 .png

课堂实训

实训1　绘制励志插画

实训目标

　　某校为了宣传勇于探索、不畏困难、坚持不懈的精神，现需绘制励志插画，要求插画尺寸为"20 厘米 ×20 厘米"，插画要能表达所宣传的精神和正向观念，参考效果如图 4-47 所示。

　　【效果位置】配套资源 :\ 效果文件 \ 第 4 章 \ 励志插画 .psd

图4-47　励志插画参考效果

实训思路

　　步骤 01　运用 AIGC 工具获取励志插画创意或参考素材。

　　步骤 02　在 Photoshop 中综合运用形状工具组绘制色彩渐变的地面、天空、道路、山等图形。

　　步骤 03　运用钢笔工具绘制人物背影。

　　步骤 04　运用画笔工具绘制边缘模糊、逐渐透明的太阳，运用模糊工具进一步模糊边缘，再运

用椭圆工具绘制两个同心圆环。

步骤 05 运用横排文字工具输入励志文案，保存文件。

实训2 设计制扇技艺宣传海报

实训目标

制扇技艺是中国传统手工艺瑰宝之一，具备独特的制作技艺、丰富的图案及典雅的艺术韵味。为弘扬中华优秀传统文化，增强公众对制扇技艺的兴趣，现需设计一款宣传海报宣传制扇技艺，同时直观地展现中国传统扇子的美感，要求宣传海报尺寸为"40 厘米 ×86 厘米"，色彩搭配淡雅，参考效果如图 4-48 所示。

【素材位置】配套资源 :\ 素材文件 \ 第 4 章 \ 扇子 .png、海报文案 .psd

【效果位置】配套资源 :\ 效果文件 \ 第 4 章 \ 制扇技艺宣传海报 .psd

实训思路

步骤 01 运用 AIGC 工具或 Photoshop 中的多种修复工具，去除扇子图像中扇面上的斑点。

步骤 02 创建海报文件，制作浅绿色背景，在底部绘制矩形选区，填充从蓝色到透明的渐变颜色。

步骤 03 运用钢笔工具绘制烟雾、飘带路径，填充半透明色彩，并运用橡皮擦工具适当擦除部分图像。

步骤 04 添加处理后的扇子图像，擦除局部扇面。

步骤 05 添加文案素材，运用矩形工具为部分文案绘制矩形作为底纹，保存文件。

图4-48 制扇技艺宣传海报参考效果

实训3 设计美妆直播预告海报

实训目标

某美妆网店准备开展五折大促活动，特邀知名美妆主播通过直播的形式进行预热，现需要制作美妆直播预告海报，要求以展示美妆主播形象为主，添加化妆品图像素材和直播信息，采用中国风进行设计，参考效果如图 4-49 所示。

【素材位置】配套资源 :\ 素材文件 \ 第 4 章 \ 美妆主播 .jpg、美妆 .psd

【效果位置】配套资源 :\ 效果文件 \ 第 4 章 \ 美妆直播预告海报 .psd

图4-49　美妆直播预告海报参考效果

实训思路

步骤 01　运用 Photoshop 中的多种修复工具或 AIGC 工具，去除主播脸上的瑕疵。

步骤 02　运用减淡工具提亮主播的肤色，运用海绵工具提高红唇的饱和度，让主播的形象更加美观、气质更加典雅。

步骤 03　运用 Photoshop 或 AIGC 工具抠取主播人像。

步骤 04　创建海报文件，添加美妆素材和抠取的人像并进行排版，保存文件。

课后练习

练习1　绘制相机App图标

为手机自带的相机 App 设计一个独特且引人注目的图标（即启动图标），要求尺寸为"300 像素 ×300 像素"，以照相机造型为基础进行设计，图标应新颖、具有辨识度、色彩不单调。可先使用 AIGC 工具生成多款相机 App 图标，然后在 Photoshop 中制作标准尺寸的图标。相机 App 图标参考效果如图 4-50 所示。

【效果位置】配套资源:\效果文件\第 4 章\相机 App 图标 .psd

图4-50　相机App图标参考效果

练习2　绘制牛奶包装盒插画

为某品牌的牛奶绘制包装盒插画，要求尺寸为"2100 像素 ×1400 像素"，风格为手绘风格。可使用 AIGC 工具直接生成包装盒插画，或在 Photoshop 中使用画笔工具绘制天空、草地和树木等，参考效果如图 4-51 所示。

图4-51　牛奶包装盒插画参考效果

【素材位置】配套资源：\ 素材文件 \ 第 4 章 \ "牛奶包装素材"文件夹

【效果位置】配套资源：\ 效果文件 \ 第 4 章 \ 牛奶包装盒插画 .psd

练习3　设计奶茶橱窗广告

某奶茶店近期推出了一批新研发的奶茶，并打算着重宣传以坚果为原料的新品"栗栗云顶奶茶"和"栗栗云顶奶咖"，现准备制作一张橱窗广告张贴在店铺门口，主要展示这两款奶茶的外观、名称、卖点，要求广告有较强的艺术欣赏性，色彩搭配生动、和谐，尺寸为"60 厘米 ×80 厘米"，参考效果如图 4-52 所示。

图4-52　奶茶橱窗广告参考效果

【素材位置】配套资源：\ 素材文件 \ 第 4 章 \ 奶茶 .jpg、奶茶文案 .psd

【效果位置】配套资源：\ 效果文件 \ 第 4 章 \ 奶茶橱窗广告 .psd

第 **5** 章

图像调色

本章导读

　　在图像处理过程中，设计师常会遇到各种色彩问题，其中较常见的是天气、灯光和拍摄角度等因素导致的画面昏暗和色彩黯淡。这些问题不仅影响图像的整体视觉效果，也制约了平面设计中色彩的有效运用和表达，此时可以使用Photoshop的调色功能进行调色。

学习目标

1. 掌握调整图像明暗的方法。
2. 掌握调整图像色调的方法。
3. 掌握特殊调色的方法。
4. 熟悉使用 AIGC 工具调色的方法。

案例展示

1. 色彩是传递情感的媒介，它可以增强情感表现力。请欣赏下面的作品，谈一谈这些作品的配色带给你的感受。

2. 分析下列图像可能存在的色调问题，同时思考如何优化这些问题，并尝试给出解决方案。

5.1　调整图像明暗

一幅图像的明暗关系不仅影响整体的视觉效果，更能传递出设计师的情感与意图，对营造氛围、凸显主题至关重要。调整图像的明暗关系，可以有效提升图像的视觉效果。

5.1.1　亮度/对比度

"亮度 / 对比度"命令主要用于调整图像的亮度和对比度。选择【图像】/【调整】/【亮度 / 对比度】命令，打开"亮度 / 对比度"对话框，其中"亮度"参数用于调整图像的明亮度；"对比度"参数用于调整图像的对比度；单击 自动(A) 按钮，Photoshop 将自动调整图像的亮度和对比度，如图 5−1 所示。完成设置后单击 确定 按钮。

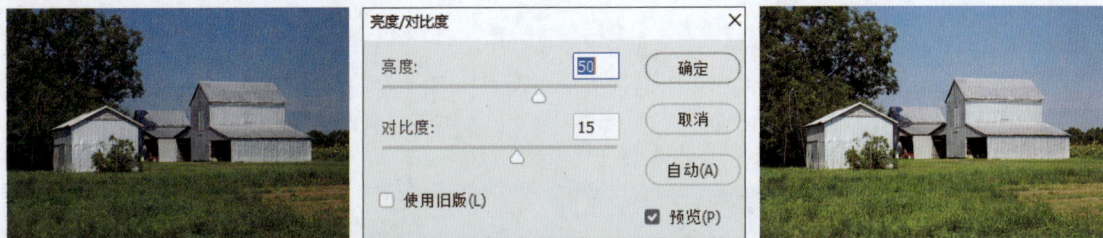

图5-1　使用"亮度/对比度"命令

5.1.2　曝光度

"曝光度"命令主要用于调整曝光不足或曝光过度的图像。选择【图像】/【调整】/【曝光度】命令，打开"曝光度"对话框，其中"曝光度"参数用于调整图像曝光度；"位移"参数用于调整阴影和中间调；"灰度系数校正"参数用于调整图像的灰度；"预设"下拉列表中提供关于曝光度、位移和灰度系数的预设选项，可用于调整图像的明亮程度，如图 5-2 所示，完成设置后单击 确定 按钮。

图5-2　使用"曝光度"命令

5.1.3　课堂案例：改善照片过曝问题

曝光过度（过曝）是指照片中的景物过亮，而且亮的部分没有层次或细节；曝光不足是指照片过于昏暗，无法反映真实的景物效果。某户外品牌在拍摄露营照片时，由于日光过强和相机参数设置不准确，照片出现了曝光过度的问题，呈现出过于明亮、发白的效果，需要进行后期修复。修复时，设计师可先降低图片亮度，再进行曝光度的调整。具体操作如下。

微课视频

改善照片过曝
问题

步骤 01　打开"帐篷.jpg"文件（配套资源:\素材文件\第 5 章\帐篷.jpg），如图 5-3 所示。

步骤 02　选择【图像】/【调整】/【曝光度】命令，打开"曝光度"对话框，设置曝光度、位移、灰度系数校正分别为"-0.09""+0.0668""0.3"，单击 确定 按钮，效果如图 5-4 所示。

📋 技巧经验

在"图层"面板底部单击 ● 按钮，弹出的下拉列表中提供了与部分调色命令同名的选项，选择某一选项，如"曝光度"选项，将打开"曝光度"属性面板（其中的参数与"曝光度"对话框中的参数相同），"图层"面板中会同步生成一个"曝光度"调整图层。调色命令直接作用于图像本身，会直接改变原图像中像素的色彩；而调整图层可以在不影响原图像的基础上，将效果保存在调整图层上。单击调整图层，还可在打开的属性面板中二次修改参数。

步骤 03　此时大部分过曝区域已经得到改善，但天空仍然过亮，为了增强照片吸引力，需要继续调整天空亮度。选择【图像】/【调整】/【亮度/对比度】命令，打开"亮度/对比度"对话框，设置亮度、对比度分别为"-50""-10"，单击 确定 按钮。

步骤 04　选择【图像】/【调整】/【自然饱和度】命令，打开"自然饱和度"对话框，设置自然饱和度、饱和度分别为"+56""+3"，单击 确定 按钮，最后另存文件（配套资源:\效果文件\第5章\帐篷.jpg），最终效果如图5-5所示。

图5-3　打开素材　　　图5-4　调整曝光度的效果　　　图5-5　最终效果

5.1.4　曲线

"曲线"命令主要用于综合调整图像的颜色、亮度和对比度，使图像的色彩更具质感。选择【图像】/【调整】/【曲线】命令，或按【Ctrl+M】组合键，打开"曲线"对话框，将鼠标指针移动到曲线上，单击增加一个控制点，按住鼠标左键不放，向上方拖曳控制点可调整亮度，向下拖曳控制点可调整对比度。在"通道"下拉列表中可选择要查看或调整的颜色通道；单击"通过绘制来修改曲线"按钮 ，可在图表中绘制自由形状的色调曲线，并激活 平滑(M) 按钮；"输入"数值框用于显示调整前图像的像素值；"输出"数值框用于显示调整后图像的像素值；通过拖曳光谱条下方的三角形滑块可调整输出值，从而调整图像的颜色、亮度和对比度，如图5-6所示。完成设置后单击 确定 按钮。

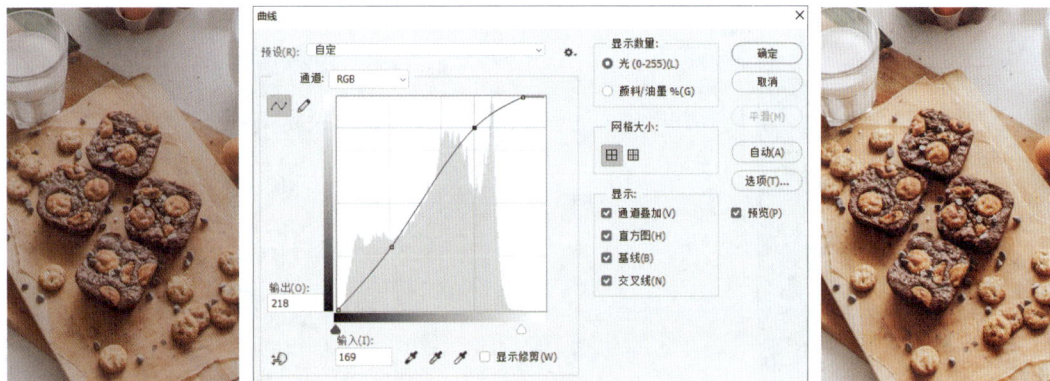

图5-6　使用"曲线"命令

5.1.5　色阶

"色阶"命令主要用于调整图像的明暗对比效果、阴影、高光和中间调。选择【图像】/【调整】/

【色阶】命令，或按【Ctrl+L】组合键，打开"色阶"对话框，在"输入色阶"栏中，当阴影滑块位于色阶值"0"处时，对应的像素是纯黑色，如果向右移动阴影滑块，则会将当前阴影滑块位置的像素值映射为色阶"0"，即滑块所在位置左侧的所有像素都变为黑色；中间调滑块默认位于色阶"1.00"处，主要用于调整图像中的灰度系数，调整灰度系数可以改变灰色调中间范围的强度值，但不会明显改变高光和阴影；高光滑块位于色阶"255"处时，对应的像素是纯白色，若向左移动高光滑块，则滑块所在位置右侧的所有像素都会变为白色，如图5-7所示。完成设置后单击 确定 按钮。

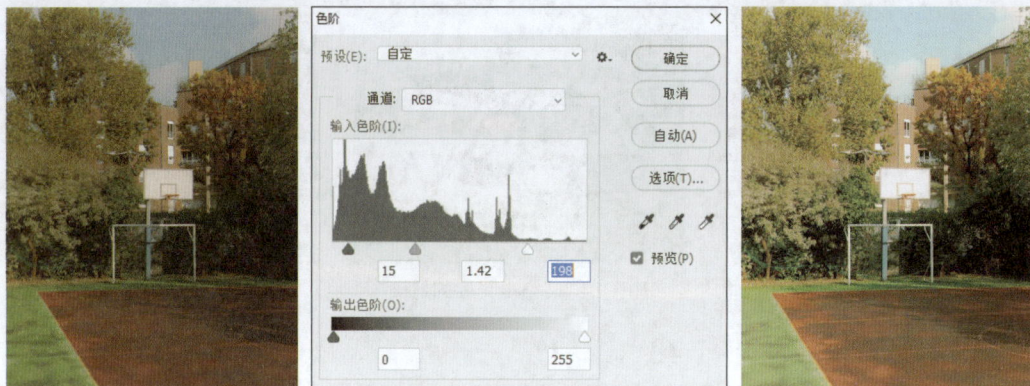

图5-7　使用"色阶"命令

5.1.6　阴影/高光

如果需要调整包含特别暗或特别亮的区域的图像，如因强逆光而形成的剪影图像、太接近相机闪光灯而亮度过高的图像，可以使用"阴影/高光"命令。选择【图像】/【调整】/【阴影/高光】命令，打开"阴影/高光"对话框，"阴影"栏用于加深或减淡图像中的暗部色调；"高光"栏用于加深或减淡图像中的高光色调，从而使图像尽可能显示更多的细节；单击选中"显示更多选项"复选框，将显示全部的阴影和高光选项，如图5-8所示。完成设置后单击 确定 按钮。

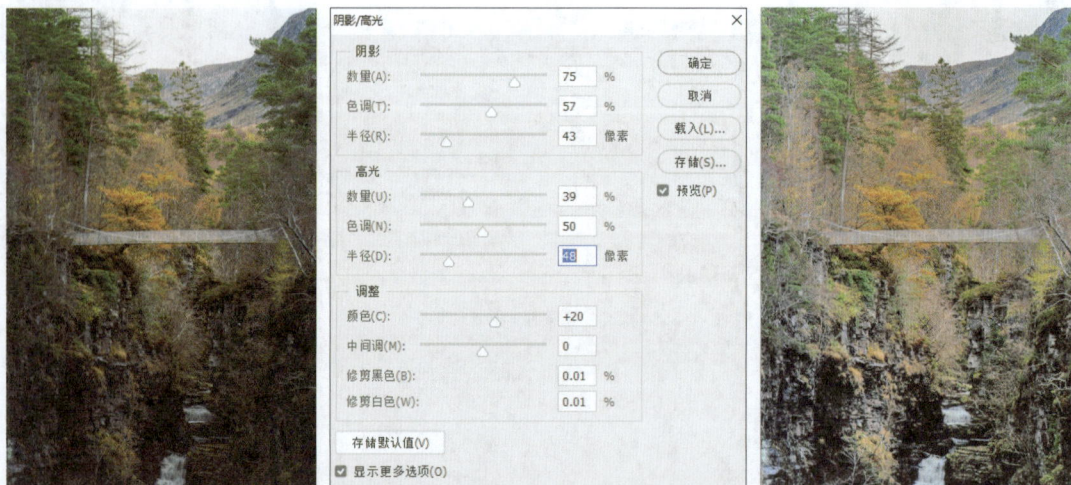

图5-8　使用"阴影/高光"命令

5.1.7　课堂案例：制作暖色调写真

　　某影楼为顾客拍摄了一组艺术照，但其中一张照片是逆光拍摄的，因此光线效果不佳，细节不明显。设计师需要将照片调整成暖色调风格，给人温暖美好的感受，然后将其制作成写真。具体操作如下。

微课视频

制作暖色调写真

　　步骤 01　打开"女生.jpg"文件（配套资源:\素材文件\第5章\女生.jpg），如图5-9所示。选择【图像】/【调整】/【阴影/高光】命令，打开"阴影/高光"对话框，保持默认设置不变，单击 确定 按钮，效果如图5-10所示。

　　步骤 02　按【Ctrl+L】组合键打开"色阶"对话框，设置输入色阶为"0、1.2、215"，单击 确定 按钮，效果如图5-11所示。

图5-9　打开素材　　　　图5-10　调整阴影和高光的效果　　　　图5-11　调整色阶的效果

　　步骤 03　按【Ctrl+M】组合键打开"曲线"对话框，在"通道"下拉列表中选择"红"选项，在曲线中段单击并向上拖曳，为画面增加红色；在"通道"下拉列表中选择"RGB"选项，向上拖曳曲线，如图5-12所示，提高亮度，单击 确定 按钮。

　　步骤 04　再次应用"阴影/高光"命令的默认设置，效果如图5-13所示，另存文件（配套资源:\效果文件\第5章\女生.jpg）。

　　步骤 05　打开"写真模板.psd"文件（配套资源:\素材文件\第5章\写真模板.psd），将调整后的照片添加到模板中的黑色图形上，按【Ctrl+Alt+G】组合键创建剪贴蒙版，调整照片的大小和位置，最终效果如图5-14所示，最后另存文件（配套资源:\效果文件\第5章\暖色调写真.psd）。

图5-12　向上拖曳曲线　　　　图5-13　再次调整阴影/高光的效果　　　　图5-14　最终效果

5.2 调整图像色调

当图像出现偏色问题时，设计师可通过调整图片的色调来有效校正偏色，使图片色彩更自然、真实，同时使图片视觉效果更加生动、丰富。

> **职业素养**
>
> 调整图像色调时，设计师应充分了解色彩的基础知识，以清晰的逻辑进行思考，然后分析图像中的问题，针对存在的问题进行调整。调整图像色调的思路一般为：①将图像的色调还原到正常状态；②分析图像需要调整的地方，例如，昏暗的图像需要调整亮度、同一组图像需要统一色调；③突出主体的颜色，适当减弱主体之外的物品的色调，削弱其存在感。

5.2.1 色相/饱和度

"色相/饱和度"命令主要用于调整图像中不协调的单个颜色，或者调整全图或单个通道的色相、饱和度和明度。选择【图像】/【调整】/【色相/饱和度】命令，或按【Ctrl+U】组合键，打开"色相/饱和度"对话框，"预设"下拉列表提供关于色相和饱和度的预设选项；在色相、饱和度、明度栏中通过拖曳对应的滑块，或在对应数值框中输入数值，可以分别调整图像的色相、饱和度和明度；在"全图"下拉列表中可以选择调整范围，如选择图像中的单个颜色进行调整，如图5-15所示。完成设置后单击 确定 按钮。

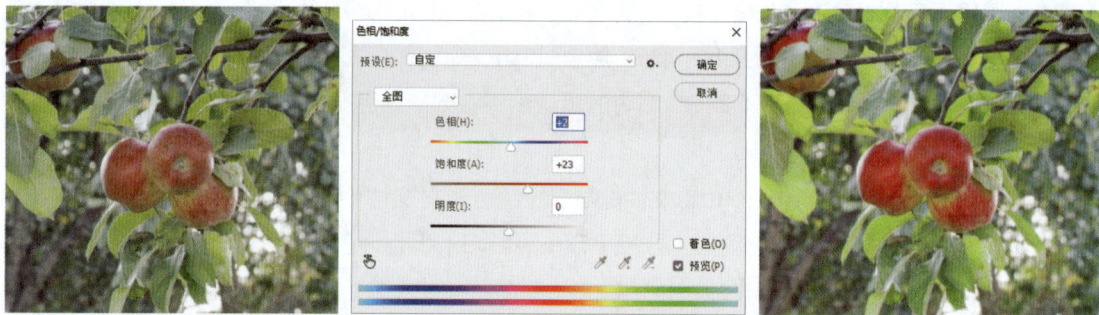

图5-15 使用"色相/饱和度"命令

5.2.2 色彩平衡

"色彩平衡"命令主要用于调整不同颜色的占比，通过增加某种颜色的补色来减少该颜色的占比，从而改变图像的色调，常用于校正偏色。选择【图像】/【调整】/【色彩平衡】命令，或按【Ctrl+B】组合键，打开"色彩平衡"对话框，拖曳3个滑块或在数值框中输入相应的值，可使图像增加或减少相应的颜色；"阴影""中间调""高光"单选项用于调整相应像素的色调；单击选中"保持明度"复选框，可保持图像的明度不变，防止明度随颜色变化而发生改变，如图5-16所示。完成设置后单击 确定 按钮。

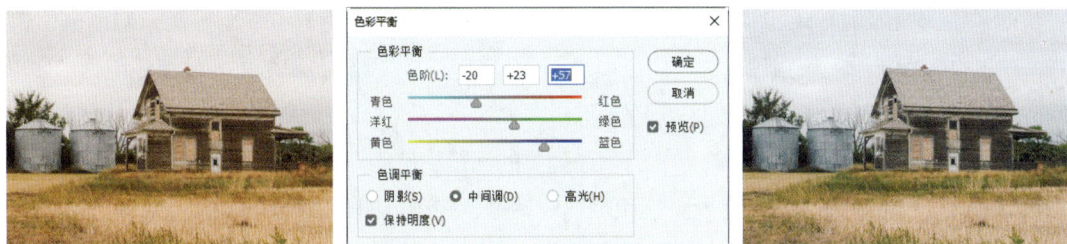

图5-16　使用"色彩平衡"命令

5.2.3　可选颜色

"可选颜色"命令可以在改变 RGB 颜色模式、CMYK 颜色模式、灰度模式等中的某种颜色时不影响其他颜色。选择【图像】/【调整】/【可选颜色】命令，打开"可选颜色"对话框，其中"颜色"栏用于设置要调整的颜色，拖曳下面的各个颜色滑块或在数值框中输入数值，即可调整所选颜色中青色、洋红、黄色、黑色的含量；"方法"栏用于选择相对／绝对颜色模式，如图 5-17 所示。完成设置后单击 确定 按钮。

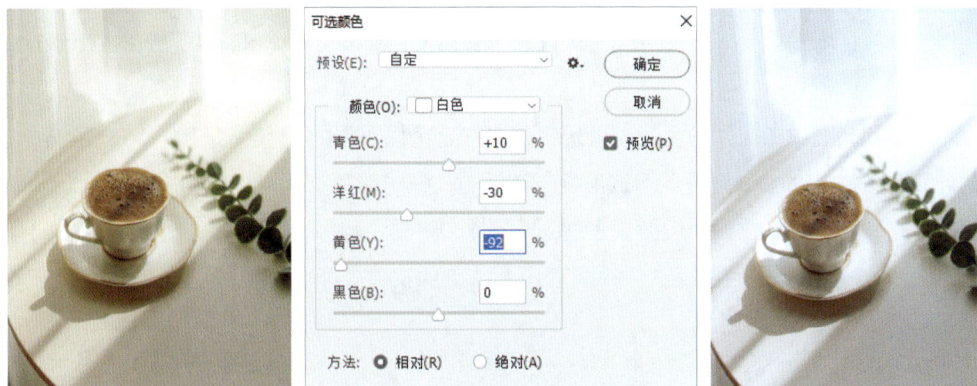

图5-17　使用"可选颜色"命令

5.2.4　课堂案例：校正偏色的商品图片

某商家用多款商品和道具拍摄了一组以"夏日海边度假搭配"为主题的商品图片。但图片受环境光影响出现了偏色问题，此时设计师需要通过后期调色使图片中的商品恢复原本的色彩，同时优化图片背景的色彩。具体操作如下。

步骤 01　打开"偏色商品图片 .jpg"文件（配套资源:\素材文件\第 5 章\偏色商品图片 .jpg），如图 5-18 所示。

微课视频

校正偏色的
商品图片

> **技巧经验**
>
> 图片偏色问题十分常见，如阴天拍摄的图片会偏淡蓝色，在室内钨丝灯下拍摄的图片会偏黄色，而底片本身的颜色也可能导致图片偏色。通过减少偏色颜色的占比，或增加该偏色颜色的互补色，可以将偏色图片调整至正常状态，常见的互补色有红色与青色、洋红与绿色、蓝色与黄色。

步骤 02　先校正整体色调偏黄色的情况，按【Ctrl+B】组合键打开"色彩平衡"对话框，单击选中"中间调"单选项，设置色阶为"0、0、+21"；单击选中"高光"单选项，设置色阶为"0、0、+20"，单击　确定　按钮，效果如图 5-19 所示。

步骤 03　此时原本是粉红色的杯子仍存在偏黄的问题，使用"对象选择工具" 📷 为杯子创建选区，按【Ctrl+U】组合键打开"色相/饱和度"对话框，在"全图"下拉列表中选择"红色"选项，设置色相、饱和度、明度分别为"-19""+31""+32"，单击　确定　按钮，效果如图 5-20 所示，然后按【Ctrl+D】组合键取消选区。

图5-18　打开素材

图5-19　校正整体偏黄的色调

图5-20　校正偏黄的粉红色

步骤 04　此时图像中应为白色的部分仍然偏黄，选择【图像】/【调整】/【可选颜色】命令，打开"可选颜色"对话框，在"颜色"下拉列表中选择"白色"选项，设置黄色为"-82"，单击　确定　按钮，如图 5-21 所示，最后另存文件（配套资源:\效果文件\第5章\校正偏色商品图片.jpg）。

图5-21　校正偏黄的白色

5.2.5　照片滤镜

"照片滤镜"命令能模拟传统光学滤镜特效，使图像呈暖色调、冷色调或其他色调。选择【图像】/【调整】/【照片滤镜】命令，打开"照片滤镜"对话框，在"滤镜"下拉列表中可以选择滤镜类型；单击"颜色"右侧的色块，可自定义滤镜的颜色；拖曳"密度"滑块或在"密度"数值框中输入数值可调整滤镜颜色的浓度，如图 5-22 所示。完成后单击　确定　按钮。

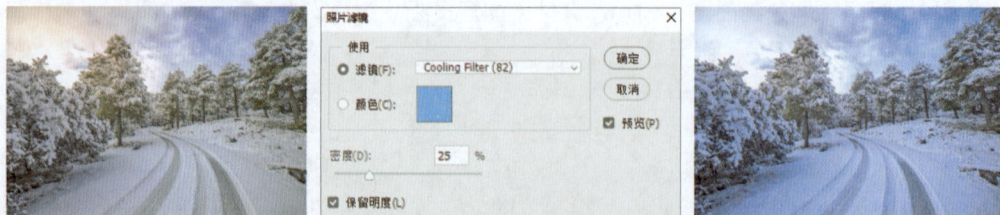

图5-22　使用"照片滤镜"命令

5.2.6　自然饱和度

"自然饱和度"命令常用于在提高饱和度的同时，防止颜色过于饱和而出现溢色，尤其适用于处理人物皮肤。选择【图像】/【调整】/【自然饱和度】命令，打开"自然饱和度"对话框，其中，"自然饱和度"参数用于调整目前饱和度不足的颜色的自然饱和度，避免颜色失衡；"饱和度"参数用于调整所有颜色的饱和度，如图 5-23 所示。完成设置后单击 确定 按钮。

图5-23　使用"自然饱和度"命令

5.2.7　HDR色调

HDR 色调是一种高动态范围技术中的一种关键功能，用于改善图像或视频的亮度和色彩表现，在 Photoshop 2023 中"HDR 色调"命令可通过修复过亮或过暗的图像，制造出具有强动态感的图像效果。选择【图像】/【调整】/【HDR 色调】命令，打开"HDR 色调"对话框，"预设"下拉列表提供预设的 HDR 效果；"方法"下拉列表用于选择图像采取的 HDR 方式；"边缘光"栏用于调整图像边缘光的半径和强度；"色调和细节"栏用于调整图像的灰度系数、曝光度和细节；"高级"栏用于调整图像的阴影、高光、自然饱和度和饱和度；"色调曲线和直方图"栏用于调整图形的色调，如图 5-24 所示。完成设置后单击 确定 按钮。

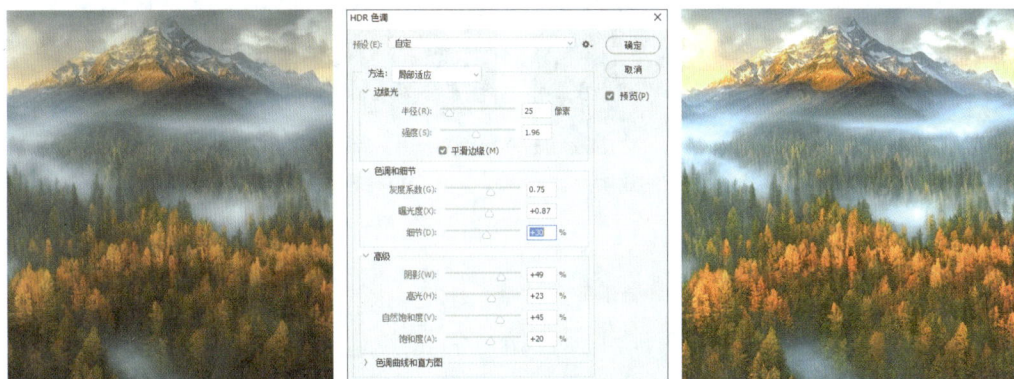

图5-24　使用"HDR色调"命令

5.2.8　课堂案例：美化旅游风景照

某张旅游风景照的阴影和高光不明显，细节不清晰，设计师需要使用"HDR 色调"命令的边缘光，色调和细节，阴影、高光、自然饱和度和饱和度等参数，为照片模拟 HDR 效果，使其更加美观、生动。具体操作如下。

微课视频

美化旅游
风景照

步骤 01　打开"旅游风景照 .jpg"文件（配套资源 :\素材文件 \第 5 章 \旅游风景照 .jpg），如图 5-25 所示。

步骤 02　选择【图像】/【调整】/【HDR 色调】命令，打开"HDR 色调"对话框，在"方法"下拉列表中选择"局部适应"选项，展开"边缘光"栏，设置半径、强度分别为"254""0.4"，选中"平滑边缘"复选框，效果如图 5-26 所示。

图5-25　打开素材

图5-26　调整HDR的边缘光的效果

步骤 03　展开"色调和细节"栏，设置灰度系数、曝光度、细节分别为"3.18""1.1""234"，效果如图 5-27 所示。

步骤 04　展开"高级"栏，设置阴影、高光、自然饱和度分别为"27""-83""76"，单击 确定 按钮，效果如图 5-28 所示，最后另存文件（配套资源 :\效果文件 \第 5 章 \美化旅游风景照 .jpg）。

图5-27　调整HDR的色调和细节的效果

图5-28　调整HDR的高级参数的效果

AIGC 应用　AI调色和一键换天空

美图云修Pro版、美图设计室、绘蛙等AIGC工具能够智能识别图像内容，自动调整色彩、亮度、对比度等参数，轻松实现专业级的调色效果，完成商业摄影后期精修工作，并提供一键智能精修、批量处理、AI美颜、AI整牙、AI去雾、AI优化、一键换天空等功能。其中，一键换天空功能可以迅速将图像中的天空替换为其他风格的天空，如蓝天、星空等，这一功能在户外摄影领域尤为实用。

操作方法：上传需要调色的图片，在调色选项中选择"AI调色""智能调色"等类似的自动化调色选项，再手动设置AI调色的强度。一键换天空时，只需选择心仪的天空模板，AIGC工具会自动识别图片中的天空区域并将其替换。

示例：

 平台：美图云修 Pro 版 上传图片：素材文件＼第 5 章＼风景 .jpg	 模式：图像调整 > AI 智能调色 背景增强：100 智能白平衡－常规背景：100 智能白曝光－常规背景：100 生成结果：效果文件＼第 5 章＼风景调色 .jpg	 模式：图像美化 > 换天空 选项：多云 2 生成结果：效果文件＼第 5 章＼换天空 .jpg

5.3　特殊调色

　　在对图像进行调色时，除了调整图像的明暗度、色调，还常常需要进行一些特殊的调整，如调整成黑白、复古色调等，使其给人特殊的观感。

5.3.1　黑白

　　"黑白"命令可将彩色图像转换为黑白图像，并控制图像中各个颜色的深浅，使黑白图像更有层次感。选择【图像】/【调整】/【黑白】命令，或按【Shift+Ctrl+Alt+B】组合键，打开"黑白"对话框，"预设"下拉列表提供了黑白预设效果；通过调整红色、黄色、绿色、青色、蓝色和洋红等颜色的深浅，可确定某个色调转换为黑白效果后的深浅程度；单击选中"色调"复选框并设置右侧色块的颜色后，将激活"色相""饱和度"数值框，利用这两个数值框可以调整设置色块的色调，可为黑白效果赋予单色调，如图 5-29 所示。完成设置后单击 确定 按钮。

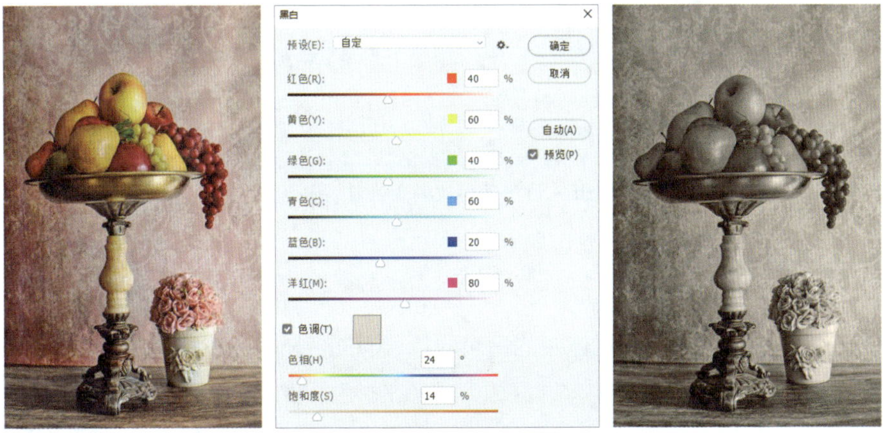

图5-29　使用"黑白"命令

📖 **知识补充**

选择【图像】/【调整】/【去色】命令，或按【Shift+Ctrl+U】组合键可去除图像中的所有颜色信息，也能将彩色图像转换为黑白图像。但与"黑白"命令不同的是，使用"去色"命令时，无法调整红色、黄色、绿色、青色、蓝色和洋红等颜色的色调深浅，也无法保留图像原本的色调。

5.3.2　阈值

使用"阈值"命令可以将一张彩色或灰色的图像调整成高对比度的黑白图像，常用于确定图像的最亮和最暗区域。选择【图像】/【调整】/【阈值】命令，打开"阈值"对话框，该对话框中显示了当前图像亮度值的坐标图，拖动滑块或者在"阈值色阶"数值框中输入数值来设置阈值，如图5-30所示。完成设置后单击 确定 按钮。

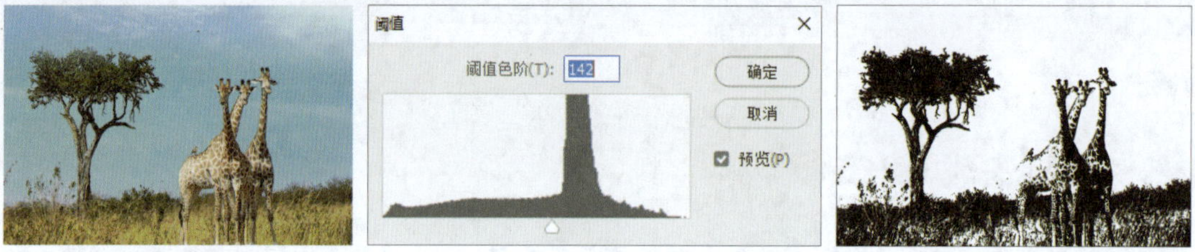

图5-30　使用"阈值"命令

5.3.3　渐变映射

"渐变映射"命令可使图像颜色根据指定的渐变颜色进行改变。选择【图像】/【调整】/【渐变映射】命令，打开"渐变映射"对话框，单击"灰度映射所用的渐变"右下方的下拉按钮，打开的下拉列表中将出现一个包含预设效果的选择面板，在其中可选择需要的渐变样式；单击选中"仿色"复选框，可以添加随机的杂色，让渐变效果更加平滑；单击选中"反向"复选框，可以反转渐变颜色的填充方向，如图5-31所示。完成后单击 确定 按钮。

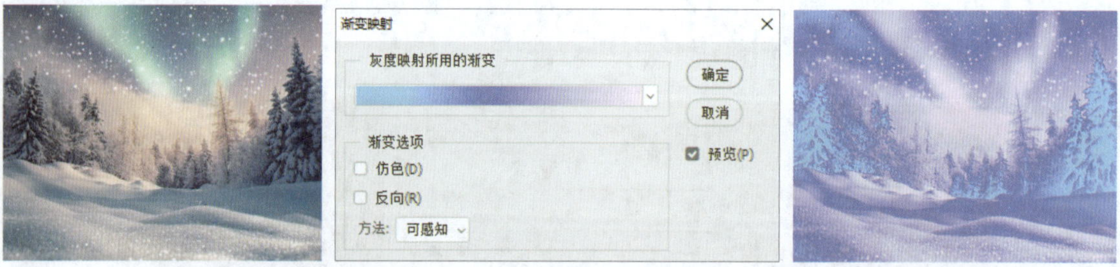

图5-31　使用"渐变映射"命令

5.3.4　色调分离

"色调分离"命令可通过指定图像中的每个原色通道的色阶，减少图像中的色彩数量，从而简化图像的颜色构成，适用于创建大的单调区域，或者在彩色图像中产生有趣的效果。选择【图像】/【调整】/【色调分离】命令，打开"色调分离"对话框，其中"色阶"数值框可用于设置色阶值（色阶值越小，色阶数目就越少，色调级数就越少），简化图像内容，如图 5-32 所示。完成设置后单击 确定 按钮。

图5-32 使用"色调分离"命令

5.3.5 替换颜色

"替换颜色"命令可以为图像中多个不连续的相同颜色设置其色相、饱和度、明度等。选择【图像】/【调整】/【替换颜色】命令，打开"替换颜色"对话框，单击选中"本地化颜色簇"复选框，可以让选择范围更细致；"吸管工具"按钮 🖉、"添加到取样"按钮 🖉、"从取样中减去"按钮 🖉 分别用于提取需替换的颜色、在图像中添加新的颜色、在图像中减少所选的颜色；"颜色"色块用于显示当前提取的颜色；"颜色容差"参数用于控制颜色的选择范围；单击选中"选区"单选项，可在预览区查看代表选区范围的蒙版，其中白色表示已选择，黑色表示未选择，灰色表示选择部分区域；单击选中"图像"单选项，则会显示当前图像内容；"色相""饱和度""明度"3 个参数分别用于调整替换后的颜色的色相、饱和度和明度；单击"结果"色块可直接设置需要替换成什么颜色，如图 5-33 所示。完成设置后单击 确定 按钮。

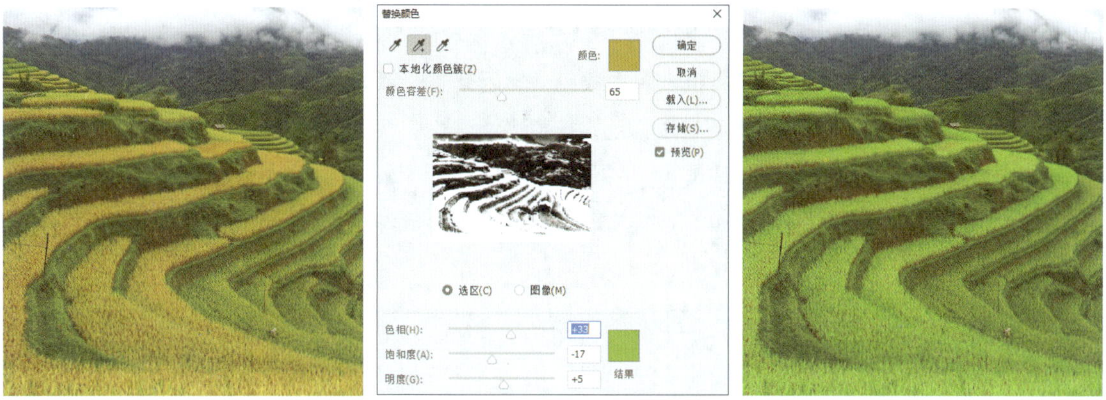

图5-33 使用"替换颜色"命令

5.3.6 课堂案例：制作商品款式图

某网店上新了一款耳机，该款耳机有白色、浅粉色、浅紫色 3 种颜色。为节约成本和时间，商家只为浅紫色耳机拍摄了商品图片，设计师现需要在该图片的基础上制作出其他颜色的耳机图片（根据商家提供的商品款式图模板中的色标颜色来调色），然后利用三色耳机商品图片制作商品详情页中的商品款式图。具体操作如下。

步骤 01　打开"浅紫色耳机 .jpg"文件（配套资源:\素材文件\第5章\浅紫色耳机 .jpg），在上下文任务栏中单击 ⬛ 选择主体 按钮选择耳机图像，如图 5-34 所示，按【Ctrl+C】组合键复制选区中的浅紫色耳机图像。

步骤 02　打开"商品款式图模板 .psd"文件（配套资源:\素材文件\第5章\商品款式图模板 .psd），按【Ctrl+V】组合键粘贴浅紫色耳机图像，调整其大小和位置，再复制两个耳机图像到右侧，如图 5-35 所示。

步骤 03　选择白色色标对应的耳机图像，选择【图像】/【调整】/【黑白】命令，打开"黑白"对话框，设置青色为"-8%"，蓝色为"126%"，其他参数保持默认设置不变，单击 确定 按钮，效果如图 5-36 所示。

步骤 04　按【Ctrl+M】组合键打开"曲线"对话框，在曲线中段单击并向上拖曳，设置输入、输出分别为"204""178"，单击 确定 按钮，使其颜色更明亮，效果如图 5-37 所示。

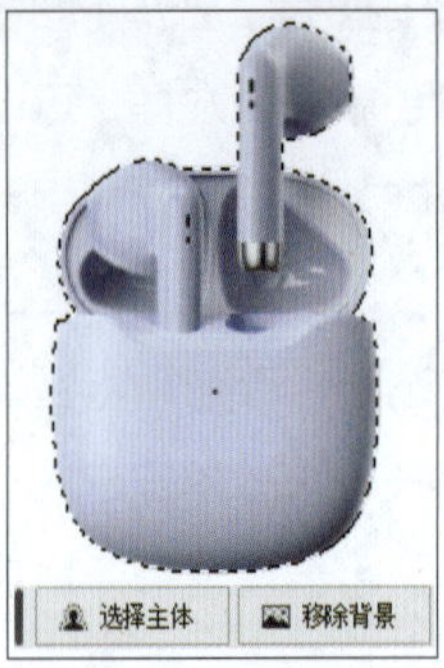

图5-34　选择耳机	图5-35　复制耳机	图5-36　黑白效果	图5-37　提亮效果

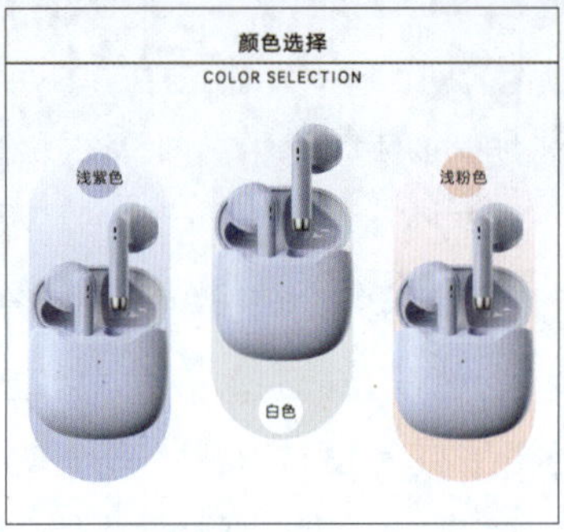

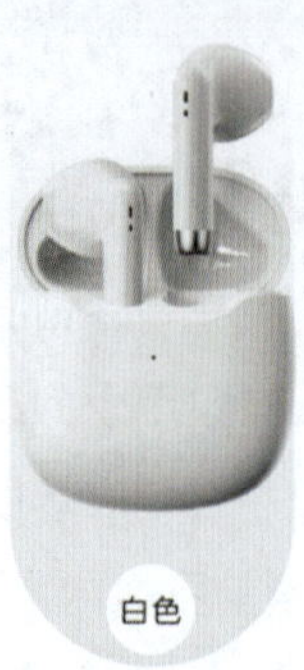

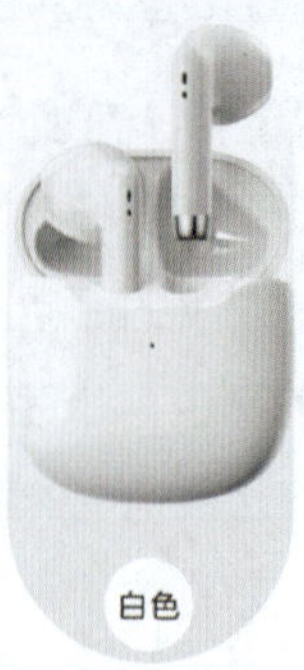

步骤 05　选择浅粉色色标对应的耳机图像，选择【图像】/【调整】/【替换颜色】命令，打开"替换颜色"对话框，单击选中"本地化颜色簇"复选框，设置容差为"118"，色相、饱和度、明度分别为"+135""+44""+27"，在耳机上单击取色，然后单击"添加到取样"按钮 ✎，在耳机上继续单击选取之前未选中的颜色，直至所有浅紫色均被替换为浅粉色，对话框预览区中的整个耳机将呈白色选中状态，如图 5-38 所示，单击 确定 按钮。

步骤 06　另存文件（配套资源:\效果文件\第5章\商品款式图 .psd），商品款式图最终效果如图 5-39 所示。

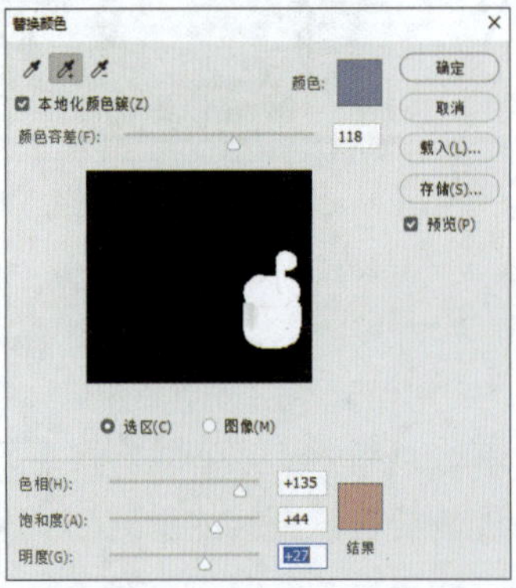

图5-38　"替换颜色"对话框	图5-39　商品款式图最终效果

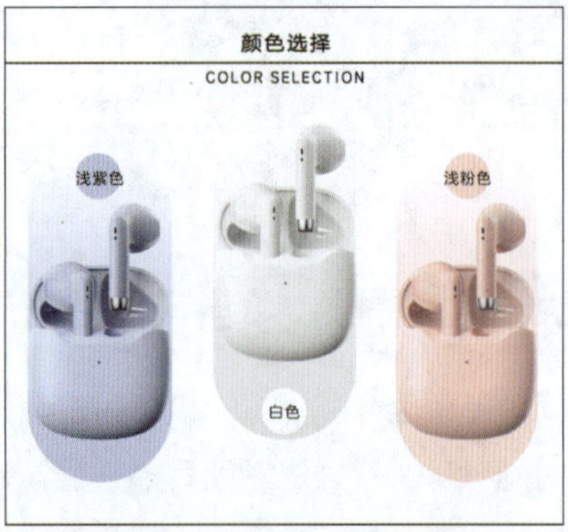

AIGC 应用 AI换色

AI换色功能主要通过先进的算法和深度学习技术，精准识别与替换图像中的颜色，如美图设计室的"AI服装换色"、绘蛙中的"AI换色"功能。特别是在电商领域，利用AI换色功能可以快速且高效地改变商品图片中的商品颜色，以展示不同颜色的款式，节省重新生图或拍摄所耗费的时间，满足多个颜色款式的模特穿搭图的生成需求。

操作方法：上传需要换色的图片后，AIGC工具会智能识别主体元素的颜色区域，设计师也可手动指定想要更换的颜色区域，然后设计师可从色板中选择想要替换的颜色，或输入目标颜色值，或吸取颜色，确认生成后，AIGC工具可完成颜色替换。部分AIGC工具还提供智能推荐颜色功能，可通过分析选中区域和图像整体，智能推荐替换效果较为自然的颜色。有的AIGC工具还支持换色后调整颜色效果，如调整色调、饱和度、亮度、对比度等。

示例：

平台：美图设计室
模式：AI商拍 > AI服装换色
上传图片：素材文件\第5章\衬衣.jpg
选择换色区域：智能识别出白色衬衣
替换颜色：#B7D9FD
生成结果：效果文件\第5章\衬衣换色.jpg

平台：绘蛙
模式：AI生图 > AI修图 > AI换色
上传图片：素材文件\第5章\沙发.jpg
选择换色区域：智能识别出蓝色沙发的面料区域
替换颜色：# C9D184
生成结果：效果文件\第5章\沙发换色.jpeg

课堂实训

实训1 设计复古风格的杂志封面

实训目标

杂志封面作为杂志的第一视觉区，能起到突出杂志内容、展现杂志特点的作用。"STYLE"是一本专注于流行服饰与时尚资讯的杂志，目前已拟定好了封面文案，完成了封面人物的拍摄，还需要为拍摄的人物图片调色，要求采用复古风格，并基于调色后的图片设计"21厘米×28.5厘米"的杂志封面，最终效果要美观、大方，参考效果如图5-40所示。

【素材位置】配套资源:\素材文件\第5章\杂志封面人物素材.jpg、杂志封面文案.psd、杂志封面条形码.png

【效果位置】配套资源:\效果文件\第5章\杂志封面人物.jpg、复古风格杂志封面.psd

图5-40　复古风格的杂志封面参考效果

实训思路

步骤01　打开杂志封面人物图片素材，运用"照片滤镜""色彩平衡"等命令，或运用AIGC工具调色，将素材调整为偏棕色的复古色调。

步骤02　运用"曲线""曝光度"等命令降低图片亮度，塑造出深沉和稳重的效果，尤其要降低黑色部分和阴影的亮度，但注意人物面部要保持可识别的亮度。

步骤03　创建杂志封面文件，将调色后的图片作为封面背景，然后在其中布局文案和条形码素材，使封面版式具有设计感。

步骤04　新建图层，使用选框工具组绘制边缘羽化的红色长方形和白色竖线，保存文件。

实训2　设计城市文旅宣传海报

实训目标

为进一步提升三亚的知名度和影响力，促进文化旅游产业的繁荣发展，有关部门现决定设计一张文旅宣传海报，通过生动、直观的城市风景图，展现三亚的魅力，吸引更多人前来探索这座美丽的海滨城市。要求海报尺寸为"1242像素×2208像素"，设计风格新颖、时尚，色彩搭配明快，文案精炼，参考效果如图5-41所示。

【素材位置】配套资源:\素材文件\第5章\城市素材.jpg、文旅文案和装饰.psd

【效果位置】配套资源:\效果文件\第5章\城市.jpg、城市文旅宣传海报.psd

实训思路

步骤01　打开城市风景图像素材，运用AIGC工具调色，优化图像色彩效果；或在Photoshop中运用"曲线""曝光度""阴影/高光"等命令提高图像亮度。

步骤02　运用"色彩平衡""色相/饱和度"等命令校正偏色。

步骤 03　运用"自然饱和度"命令使色彩更加鲜明。

步骤 04　运用"HDR 色调"命令增强图像的生动性，使其更具吸引力，更有层次感。

步骤 05　创建海报文件，将调色后的图像作为海报背景，然后在其中添加文案，以及飞机、卡通人物等装饰素材。

步骤 06　使用钢笔工具、形状工具组或选框工具组绘制装饰形状，保存文件。

图5-41　城市文旅宣传海报参考效果

课后练习

练习1　设计美食宣传册

某美食品牌近期准备制作主题为"寻味记"的美食宣传册，现在设计师需要运用 Photoshop 或 AIGC 工具调整封面中的美食图片的色彩，提升美食的魅力，同时处理美食宣传册的内页中的美食图片，要求美食图片的色彩鲜亮，具有吸引力，然后将其添加到美食宣传册内页中，参考效果如图 5-42 所示。

> **职业素养**
>
> 宣传册又称宣传画册、产品画册等，是企业对外宣传自身文化、产品特点、服务理念、品牌形象的重要媒介。根据用途和内容的不同，宣传册可分为多种类型，如企业宣传册、产品宣传册、服务宣传册、活动宣传册等。在宣传册的设计中，需要注重色彩搭配、版面布局、字体选择、图片运用等要素。宣传册的色彩应与企业品牌或产品特性相契合，版面要清晰明了，文字要易于阅读，图片应真实反映产品的特点。

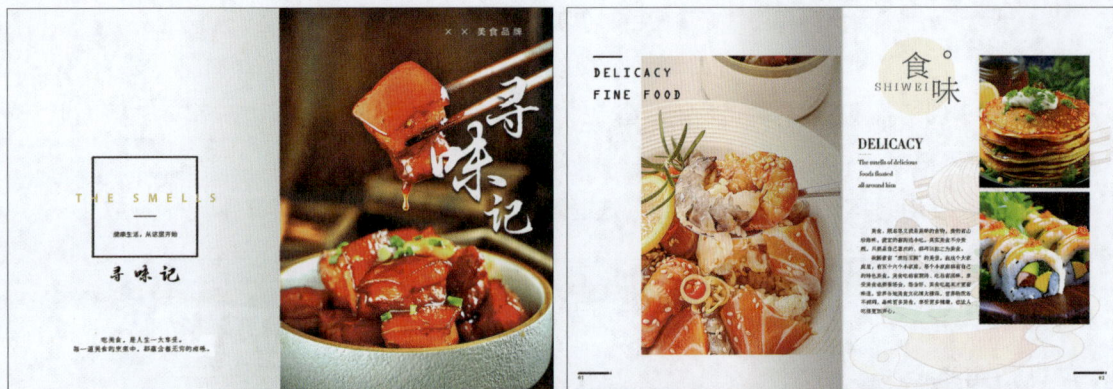

图5-42　美食宣传册参考效果

【素材位置】配套资源:\素材文件\第5章\"美食宣传册素材"文件夹

【效果位置】配套资源:\效果文件\第5章\美食宣传册封面 .psd、美食宣传册内页 .psd

练习2　设计乡村旅游宣传图

　　"蓉"文化村响应乡村振兴战略，准备制作一张以"美丽风光"为主题的户外宣传图，用于宣传"蓉"文化村的风景，要求宣传图尺寸为"80 厘米 ×45 厘米"，设计师需要先运用 Photoshop 或 AIGC 工具优化乡村风景照的色彩，然后添加文字、装饰等元素，使宣传图画面具有较强的艺术观赏性和实用性，参考效果如图 5-43 所示。

图5-43　乡村旅游宣传图参考效果

【素材位置】配套资源:\素材文件\第5章\乡村 .jpg、宣传素材 .psd

【效果位置】配套资源:\效果文件\第5章\乡村旅游宣传图 .psd

第 6 章

图层高级操作与文字应用

本章导读

　　图层用于存放图像、文字、形状等设计元素，多个图层叠加起来可以得到丰富的图像效果。设计师可以通过设置图层的不透明度、混合模式、样式等方式，改变图层的显示效果，然后通过创建和编辑文字，更好地说明设计主题，增强信息传达的直观性，制作出效果更丰富的设计作品。

学习目标

1. 掌握关于图层的高级操作。
2. 掌握创建与编辑文字的方法。
3. 掌握 AI 生成艺术字的操作方法。

案例展示

课前引导

1. 良好的排版效果不仅能增强信息的可读性，还能增强设计作品的视觉吸引力和情感表达能力，是连接设计师与受众的纽带。请思考，当设计作品中需要添加大量的文字信息时，如何决定文字的字号、颜色、字体及布局，以确保信息既能清晰传达，又具有吸引力。

2. 欣赏下列设计作品中的文字排版效果，并从字体设计、行距、字距、文字颜色、对齐方式等方面进行分析。

6.1　关于图层的高级操作

在 Photoshop 中，图层不仅是设计作品的基石，更是实现创意表达与视觉层次构建的关键要素。设计师要想使设计作品更具创意感、层次感，效果更丰富，就需要掌握关于图层的高级操作。

6.1.1　图层不透明度

在"图层"面板的"不透明度"数值框中输入相应的百分比值，即可设置图层不透明度。不透明度以百分比为单位，100% 代表完全不透明，当前图层完全显示；0% 代表完全透明，当前图层完全不显示，下层图像将完全显露；中间的数值代表半透明，数值越低，透明度越高，如图 6-1 所示。

不透明度：100%　　不透明度：60%　　不透明度：30%

图6-1　图层不透明度

📖 知识补充

在"不透明度"数值框下方还有一个"填充"数值框，其作用与不透明度类似。对不透明度的调整会影响整个图层，包括图层样式等方面，而填充仅对图层自身内容的不透明度起作用，对图层样式和形状、图层的描边不起作用。

6.1.2　图层混合模式

图层混合模式能使上下图层中的图像合成不同的效果，从而给人不一样的视觉感受。Photoshop提供了 27 种图层混合模式，默认为"正常"混合模式。在"图层"面板中选择一个图层，单击该面板顶部右侧的 [正常] 按钮，在弹出的下拉列表中可查看所有图层混合模式，这些模式被分成了 6 组，分别是组合模式、变暗模式、变亮模式、饱和度模式、差集模式、颜色模式，如图 6-2 所示，每一组的混合模式都可以产生相似的效果或者有近似的用途。

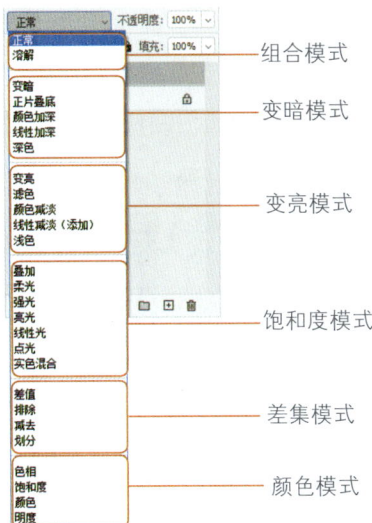

资源链接：
图层混合模式
详解

图6-2　图层混合模式

6.1.3　课堂案例：设计梦幻风格的儿童节海报

儿童节是一个属于所有儿童的欢乐庆典。梦幻小镇为庆祝儿童节，准备设计一款梦幻风格的儿童节海报，要求海报尺寸为"1242 像素 ×2208 像素"，以蓝色调为主，背景为蓝天白云和一只飞翔的鲸，营造出一种梦幻、温馨的氛围。具体操作如下。

微课视频

设计梦幻风格的
儿童节海报

步骤 01　新建名称、宽度、高度、分辨率分别为"儿童节海报""1242 像素""2208 像素""150 像素 / 英寸"的文件。设置前景色为"#1e92ff"，按【Alt+Delete】组合键填充。

步骤 02　置入"天空 .jpg"文件（配套资源 :\ 素材文件 \ 第 6 章 \ 天空 .jpg），将其调整到海报底部，如图 6-3 所示。使用"橡皮擦工具" 擦除上半部分，然后设置该图层的混合模式为"滤色"，效果如图 6-4 所示。

步骤 03　打开"云朵 .psd"文件（配套资源 :\ 素材文件 \ 第 6 章 \ 云朵 .psd），将其中的"云 1"图层复制到海报底部。

步骤 04　将"云朵 .psd"文件中的"云 2"图层复制到海报中，设置该图层的不透明度为"80%"，将其移动到海报左下角，如图 6-5 所示。按【Ctrl+J】组合键复制得到"云 2 拷贝"图层，设置"云 2 拷贝"图层的不透明度为"87%"，将其移动到云朵右上方，如图 6-6 所示。

步骤 05　将"云朵 .psd"文件中的"云 3"图层复制到海报顶部，设置该图层的不透明度为"80%"。使用"横排文字工具" 在海报顶部输入"CHILDREN'S DAY"文字，设置该文字图层的不透明度为"23%"，文字效果及文字格式如图 6-7 所示。

步骤 06　打开"光晕 .psd"文件（配套资源 :\ 素材文件 \ 第 6 章 \ 光晕 .psd），将其中的图层复制到海报文字左下方，如图 6-8 所示。设置该图层的混合模式为"线性减淡（添加）"，不透明度为"60%"，效果如图 6-9 所示。

步骤 07　打开"儿童节图像 .psd"文件（配套资源 :\ 素材文件 \ 第 6 章 \ 儿童节图像 .psd），将其中的所有内容添加到海报中，调整其大小和位置，在"图层"面板中将"云 2 拷贝"图层移动到最上方，效果如图 6-10 所示。

步骤 08　打开"儿童节文案 .psd"文件（配套资源 :\ 素材文件 \ 第 6 章 \ 儿童节文案 .psd），将其中的所有内容添加到海报中，调整其大小和位置，效果如图 6-11 所示，保存文件（配套资源 :\ 效果文件 \ 第 6 章 \ 儿童节海报 .psd）。

图6-3　置入"天空.jpg"文件并调整到海报底部

图6-4　滤色效果

图6-5　移动到海报左下角

图6-6　移动到云朵右上方

图6-7　文字效果及文字格式

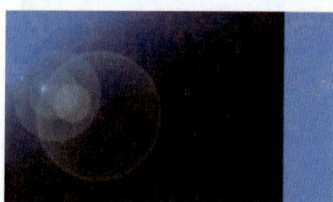

图6-8　添加光晕

图6-9　光晕效果

图6-10　添加图像并移动图层

图6-11　添加文案

AIGC 应用　生成艺术字

生成艺术字是 AIGC 工具中一种能够根据输入的文字描述，智能生成与之匹配的艺术字的功能，可为各类设计作品增添独特的视觉魅力。通义万相、神采 AI、Midjourney、360智绘等 AIGC 工具都有这一功能。

操作方法：输入需要生成艺术字的文字描述，或上传简洁的文字图片，然后选择艺术字预设模板、字体、风格、背景等，或自行描述需要的效果，AIGC 工具即可快速生成独具特色的艺术字。

示例：

平台：神采 AI 模式：工作流>文字设计 上传图片：素材文件\第6章\儿童节快乐.jpg	风格：真实>食物>炸鱼薯条 提示词：背景明亮，浅色背景，美味 生成结果：效果文件\第6章\艺术字（1）.jpg	风格：真实>风景>热带 提示词：无 生成结果：效果文件\第6章\艺术字（2）.jpg	风格：艺术字体>插图>卡通插图 提示词：白色的云朵，用卡通字体设计文字 生成结果：效果文件\第6章\艺术字（3）.jpg

6.1.4　图层样式

为图层添加样式，可使图层中的图像具有真实的质感、纹理等特殊效果。具体操作方法为：选择图层后，选择【图层】/【图层样式】命令，在弹出的子菜单中选择一种样式命令；或在"图层"面板底部单击"添加图层样式"按钮 fx，在弹出的下拉菜单中选择需要创建的样式的命令；或双击需要添加图层样式的图层右侧的空白区域，都将打开"图层样式"对话框，如图 6-12 所示，在其中设置相关参数后，单击 确定 按钮即可添加图层样式。图层样式共有 10 种，每种样式的作用如下。

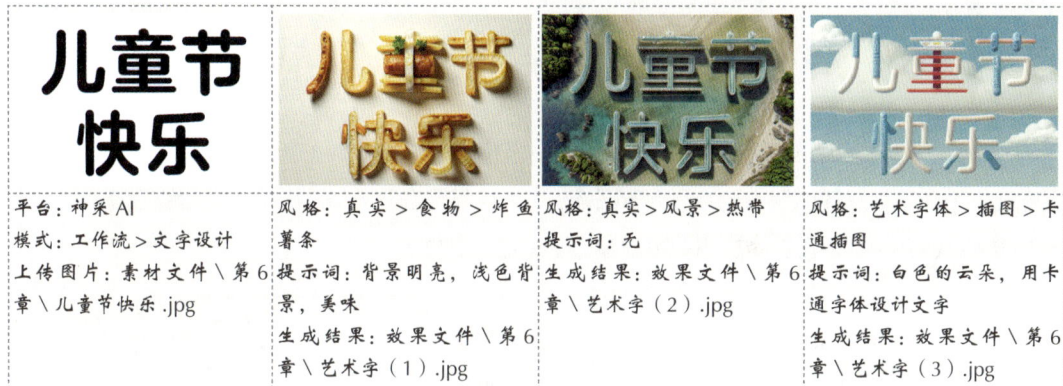

图6-12　"图层样式"对话框

· 斜面和浮雕：用于为图像添加高光、阴影和雕刻般的效果。

· 描边：用于使用颜色、渐变或图案描绘图像边缘。

- **内阴影**：用于为图像边缘内侧添加阴影效果。
- **内发光**：用于为图像边缘内侧添加发光效果。
- **光泽**：用于为图像添加光滑而有内部阴影的效果。
- **颜色叠加**：用于为图像叠加自定义颜色。
- **渐变叠加**：用于将图像中单一的颜色调整为渐变色，使图像上的颜色变得丰富多彩。
- **图案叠加**：用于为图像添加指定的图案。
- **外发光**：用于为图像边缘的外侧添加发光效果，与"内发光"样式相反。
- **投影**：用于为图像添加投影效果。

　　图层样式可叠加使用，只需在"图层样式"对话框左侧单击选中任意复选框，即可添加对应的图层样式。添加了样式的图层右侧会显示fx图标，下方会显示图层样式的效果列表，如图 6-13 所示，单击图层样式的效果列表前的 ◉ 按钮，可隐藏添加的图层样式。

图6-13　为图层添加多个图层样式

6.1.5　课堂案例：设计水晶质感的网页按钮

　　某网页设计师需要设计一个水晶质感的"开始"按钮，用于引导用户进入页面，主要通过设置斜面和浮雕、调整等高线曲线制造立体效果，再通过添加渐变叠加和投影等图层样式，使按钮更加美观、立体。具体操作如下。

　　步骤 01　新建名称、宽度、高度、分辨率分别为"网页按钮""600 像素""355像素""150 像素 / 英寸"的文件。选择"渐变工具" ▮，在工具属性栏中设置渐变颜色为预设的"紫色 _01"，单击"径向渐变"按钮 ◉，在图像编辑区中央按住鼠标左键向外拖曳鼠标指针，如图 6-14 所示，设置该渐变图层的不透明度为"75%"。

　　步骤 02　打开"底纹 .psd"文件（配套资源 :\ 素材文件 \ 第 6 章 \ 底纹 .psd），将底纹图像移至新建的文件中并调整至与背景相同大小，设置底纹图像所在图层的不透明度为"59%"。

　　步骤 03　新建图层，选择"矩形工具" ▮，在工具属性栏中设置绘图方式为"路径"，半径为"90像素"，然后在图像编辑区中绘制一个圆角矩形，并按【Ctrl+Enter】组合键将路径转换为选区，设置前景色为"白色"，按【Alt+Delete】组合键将选区填充为白色，效果如图 6-15 所示。

　　步骤 04　选择形状图层，选择【图层】/【图层样式】/【渐变叠加】命令，打开"图层样式"对话框，设置渐变颜色为"#e2a3ea—#c978e7—#fbe1fe"；在左侧单击选中"描边"复选框，设置大小、位置、填充类型分别为"4""外部""渐变"，设置渐变颜色为"#d495e9—#f7d0ff—

"#fdedff";在左侧单击选中"投影"复选框,设置投影颜色、不透明度、距离、扩展、大小分别为
"#52075d""94%""5""28""21",此时可预览效果,如图6-16所示。

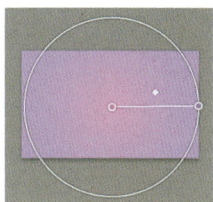

图6-14 制作渐变背景　　　　图6-15 圆角矩形效果　　　　图6-16 渐变叠加、描边、投影效果

步骤 05　在左侧单击选中"斜面和浮雕"复选框,设置样式、方法、深度、方向、大小、软化
分别为"内斜面""平滑""511%""上""32""6",高光模式、颜色、不透明度分别为"滤色""白
色""72%",阴影模式、颜色、不透明度分别为"正片叠底""#e2c3f2""100%"。

步骤 06　单击选中"斜面和浮雕"下方的"等高线"复选框,设置范围为"50%",然后单击
等高线图标,打开"等高线编辑器"对话框,调整等高线至图6-17所示的形状,单击〔 确定 〕按钮。

步骤 07　在左侧单击选中"光泽"复选框,设置混合模式、颜色、不透明度、角度、距离、大小、
等高线分别为"叠加""#fdfafa""60%""26度""48""88""高斯",单击〔 确定 〕按钮,效果
如图6-18所示。

步骤 08　新建"反光"图层,使用"钢笔工具" ✐.绘制一个弧形路径,然后按【Ctrl+Enter】
组合键将路径转换为选区,并填充为白色。

步骤 09　新建"底光"图层,选择"画笔工具" ✐,在工具属性栏设置画笔大小、样式、不透
明度分别为"90像素""柔边圆""85%",在按钮底部绘制底光,如图6-19所示。

图6-17 调整等高线　　　　图6-18 斜面和浮雕、等高线、光泽效果　　　　图6-19 绘制底光

📖 技巧经验

使用"画笔工具" ✐.绘制图像时,按住【Shift】键不放,可以绘制出水平或垂直的直线。

步骤 10　在"图层"面板中设置"反光"图层的不透明度为"20%",设置"底光"图层的混
合模式、不透明度分别为"叠加""90%",效果如图6-20所示。

步骤 11　使用"横排文字工具" T.在圆角矩形中输入"开始"文字,设置字体、文字颜色、字距、

文字大小分别为"方正兰亭圆 _GBK_ 大""#f9f600""200""54"，效果如图 6-21 所示。

步骤 12　选择文字图层，选择【图层】/【图层样式】/【斜面和浮雕】命令，打开"图层样式"对话框，设置样式、方法、深度、方向、大小、软化、等高线分别为"内斜面""平滑""100%""下""9""0""滚动斜坡 - 递减"，高光模式、颜色、不透明度分别为"滤色""白色""80%"，阴影模式、颜色、不透明度分别为"正片叠底""黑色""13%"。

步骤 13　在左侧单击选中"光泽"复选框，设置混合模式、颜色、不透明度、角度、距离、大小分别为"正常""白色""50%""90 度""50""80"。

步骤 14　在左侧单击选中"投影"复选框，设置混合模式、投影颜色、不透明度、距离、扩展、大小分别为"叠加""#53044e""100%""3""30""6"，单击 确定 按钮，效果如图 6-22 所示，保存文件（配套资源 :\ 效果文件 \ 第 6 章 \ 网页按钮 .psd）。

图6-20　设置"反光"图层和　　　图6-21　文字效果　　　图6-22　斜面和浮雕、光泽、
　　　　　"底光"图层　　　　　　　　　　　　　　　　　　　　　　　投影效果

AIGC 应用　生成按钮

通过先进的算法和深度学习技术，AIGC工具能够自动生成各种风格、形状和功能的按钮图像。这些按钮图像不仅具有高度的可定制性，如可定制颜色、字体、大小等，还能根据设计师的具体需求进行智能调整。

提示词描述方式：主体描述，风格，细节补充，构图，光线。

示例：

平台：Midjourney 中文站
模型：MJ6.1（细节纹理）
提示词：水晶质感"开始"按钮，现代科技风格，细腻水晶纹理，浮雕式"开始"字体，圆润边缘，圆形设计，中心突出"开始"，背景渐变色，顶部光线洒下，折射光影效果，边缘柔和过渡
生成尺寸：3：2
生成结果：效果文件 \ 第 6 章 \ 按钮1.png

风格：即梦 AI
模式：图片生成
生图模型：图片 2.0 Pro
提示词："开始"按钮，赛博朋克风格，科技感，几何造型，中心突出"开始"文字，温暖，霓虹灯光
生成尺寸：3：2
生成结果：效果文件 \ 第 6 章 \ 按钮2.jpg

平台：即梦 AI
模式：图片生成
生图模型：图片 2.1
提示词："开始"按钮，简约设计，平面风格，白色背景，清晰线条，对称构图，极简主义，柔和光线，简洁
文字效果增强对象："开始"
生成尺寸：3：2
生成结果：效果文件 \ 第 6 章 \ 按钮3.jpg

6.1.6 智能对象图层

智能对象图层是一种包含栅格（栅格是由像素组成的二维码网格）或矢量图形数据的图层。使用智能对象图层可以保留图像的源内容及其所有原始数据，不会对其原始数据造成任何影响。例如，对智能对象图层进行放大、缩小、扭曲等变换操作，不会降低图层中内容的质量。在 Photoshop 中，可以将文件和图层中的对象，以及由 Illustrator 创建的矢量图形或文件等对象创建为智能对象图层。创建智能对象图层主要有以下 3 种方式。

- 选择普通图层，选择【图层】/【智能对象】/【转换为智能对象】命令，可将选择的图层创建为智能对象图层。
- 选择【文件】/【打开为智能对象】命令，可选择一个文件，将其作为智能对象图层打开。
- 选择【文件】/【置入嵌入对象】命令，可选择一个文件并将其置入图像，该文件会作为智能对象图层被打开。

创建智能对象图层后，图层的缩略图右下角将出现智能对象图标 。

技巧经验

智能对象图层中的内容不能直接编辑，需要先进行栅格化操作，将智能对象图层转换为普通图层后才能编辑。具体操作方法为：在"图层"面板中选择智能对象图层，选择【图层】/【智能对象】/【栅格化】命令。另外，栅格化操作也可将文字、形状、矢量蒙版等图层转化为普通图层，以便进行编辑。

6.1.7 盖印图层

盖印图层可以将多个图层中的内容合并到一个新的图层中，同时保持其他图层中的内容不变。盖印图层的方法有以下 3 种。

- 向下盖印图层：选择一个图层，按【Ctrl+Alt+E】组合键可将所选图层中的内容盖印到下面的图层中，原所选图层中的内容保持不变。
- 盖印多个图层：选择多个图层，按【Ctrl+Alt+E】组合键可将所选的多个图层中的内容盖印到一个新的图层中，原所选图层中的内容保持不变。
- 盖印可见图层：按【Shift+Ctrl+Alt+E】组合键可将所有可见图层中的内容盖印到一个新的图层中，原所有可见图层中的内容保持不变。

6.2 创建文字

在 Photoshop 中，设计师可以按需要选择文字工具，然后在图像中输入不同类型的文字。合理地添加文字不仅可以使画面看起来更加丰富，而且能更好地说明画面主题。

6.2.1 创建点文字

点文字是指插入文本定位点后从该点开始输入的文字，不会自动换行，只能在同一方向上不断输入。选择"横排文字工具" T.或"直排文字工具" IT.，在图像中需要输入文字的位置单击，插入文本定位点后，直接输入文字，然后在工具属性栏中单击✔按钮或按【Ctrl+Enter】组合键，可完成点文字的创建，同时"图层"面板中将新建对应的文字图层。若要放弃输入文字，可在工具属性栏中单击◎按钮或按【Esc】键，此时创建的文字将被删除。若要换行输入，可按【Enter】键。

创建点文字时，可以根据需要设置文字的基本属性，包括字体、字号和文字颜色等。这些属性都可通过文字工具属性栏来设置，如图6-23所示，其中，各主要选项的含义如下。

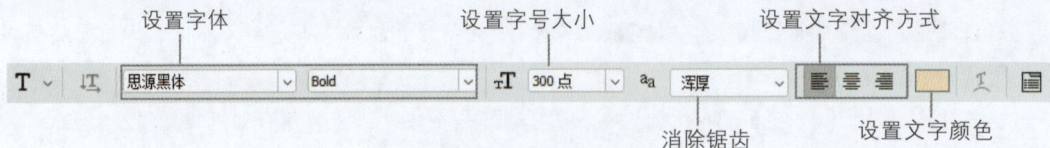

图6-23　文字工具属性栏

- **切换文本取向**：单击 IT.按钮，可将文字方向转换为水平方向或垂直方向。
- **设置字体**：用于设置字体。设置好字体后，其右侧的下拉列表框将被激活，可在其中选择字体形态，包括常规（Regular）、细体（Light）、斜体（Italic）、粗体（Bold）等。
- **设置字号**：用于设置字号。
- **消除锯齿**：用于设置文字消除锯齿的效果，包括无、锐利、平滑、浑厚、犀利等选项。
- **对齐文字**：用于设置文字对齐方式，从左至右分别为左对齐、居中对齐、右对齐。
- **设置文字颜色**：单击该色块可打开"（拾色器）文本颜色"对话框，在其中可设置文字颜色。
- **设置变形文本**：单击 工按钮，可在打开的"变形文字"对话框中为文字设置上弧或波浪等变形效果。
- **切换"字符"和"段落"面板**：单击 按钮，可以显示或隐藏"字符"和"段落"面板，在"字符"和"段落"面板中可设置文字的字符格式和段落格式。

6.2.2　创建段落文字

段落文字是在文本框中输入的可自动换行的文字，且可以通过调整文本框的大小来调整一排文字的数量，具有统一的字体、字号、字间距等文字格式，并且可以整体修改与移动。选择"横排文字工具" T.或"直排文字工具" IT.，在图像编辑区中按住鼠标左键不放并拖曳鼠标指针以创建文本框，然后输入段落文字，如图6-24所示。若绘制的文本框不能完整地显示文字，文本框右下角的控制点将变为田形状，此时可通过拖曳文本框四周的控制点来增加文本框的宽度或高度，从而使文字完整地显示出来。

图6-24　创建段落文字

在Photoshop中，点文字和段落文字可以互相转换。选择点文字所在的图层，选择【文字】/【转换为段落文本】命令；或单击鼠标右键，在弹出的快捷菜单中选择"转换为段落文本"命令，可将点文字转换为段落文字。选择段落文字所在的图层，选择【文字】/【转换为点文本】命令；或单击鼠标右键，在弹出的快捷菜单中选择"转换为点文本"命令，可将段落文字转换为点文字。

6.2.3　创建文字选区

可以使用"横排文字蒙版工具" ⷮ 或"直排文字蒙版工具" ⷮ 输入带有选区效果的文字。这两个工具的属性栏、使用方式和文字排列方向分别与"横排文字工具" ⷮ、"直排文字工具" ⷮ 一致，只是输入的文字状态有所差别。图 6-25 所示为使用"直排文字蒙版工具" ⷮ 输入文字的过程，输入文字时会进入文字蒙版状态（即画面会被一层红色所覆盖），输入完成后文字以选区状态呈现。文字选区与普通选区一样，可以对其进行移动、复制、填充、描边等操作。

图6-25　使用"直排文字蒙版工具" ⷮ 输入文字的过程

6.2.4　课堂案例：设计个人名片

为个人摄影师李安妮设计一张"90 毫米 ×54 毫米"的名片，需要在名片中添加个人照片和基本信息，并结合装饰性图案进行版式设计，最终效果要简约、大气。名片可选用橙色表达积极的个性，搭配黑色体现严谨的工作态度，文案应简洁，包含姓名、职业、电话、邮箱、地址等，字体醒目、易识别。具体操作如下。

微课视频

设计个人名片

步骤 01　新建名称、宽度、高度、分辨率、颜色模式分别为"个人名片""90 毫米""54 毫米""300 像素 / 英寸""CMYK 颜色"的文件。

步骤 02　使用"钢笔工具" ✐、"矩形工具" ▱ 在图像编辑区左侧绘制图 6-26 所示的矢量形状，填充颜色分别设置为"黑色""#eb6100"。选中 3 个黑色形状所在图层，在其上单击鼠标右键，在弹出的快捷菜单中选择"合并形状"命令。

步骤 03　置入"摄影师 .jpg"文件（配套资源 :\ 素材文件 \ 第 6 章 \ 摄影师 .jpg），将其移动到黑色形状上，按【Ctrl+Alt+G】组合键创建剪贴蒙版，调整其大小和位置，效果如图 6-27 所示。

步骤 04　选择"横排文字工具" ⷮ，在工具属性栏中设置字体、字体样式、字体大小、文字颜色分别为"思源黑体""Bold""10.3 点""#2a2b2b"，在右侧输入"李安妮"点文字。

步骤 05　在姓名文字下方输入"个人摄影师 Photographer"点文字，修改字体样式、字体大小分别为"Regular""5.3 点"，效果如图 6-28 所示。

图6-26　绘制矢量形状

图6-27　添加图像并创建剪贴蒙版

图6-28　输入点文字

步骤 06　选择"横排文字蒙版工具" T，在工具属性栏中设置字体、字体样式、字体大小分别为"思源黑体""Medium""15.4 点"，在两个点文字中间的空白处插入文本定位点，进入文字蒙版状态，输入"Annie Lee"英文名文字，如图 6-29 所示。

步骤 07　单击 ✔ 按钮，确认完成输入，文字将以选区状态出现。新建图层，在图像编辑区中单击鼠标右键，在弹出的快捷菜单中选择"描边"命令，如图 6-30 所示。

步骤 08　打开"描边"对话框，设置宽度、颜色、位置分别为"1 像素""#2a2b2b""居外"，单击 确定 按钮，效果如图 6-31 所示。

图6-29　输入英文名文字

图6-30　选择"描边"命令

图6-31　文字选区描边效果

步骤 09　选择"横排文字工具" T，在工具属性栏中设置字体、字体样式、字体大小、文字颜色分别为"思源黑体""Regular""5 点""#2a2b2b"，单击 按钮，打开"字符"面板，设置行距为"8 点"，在图像编辑区中按住鼠标左键不放并拖曳鼠标指针以创建文本框，输入段落文字，如图 6-32 所示。

步骤 10　单击 ✔ 按钮，保存文件（配套资源:\效果文件\第 6 章\个人名片 .psd），最终效果如图 6-33 所示。

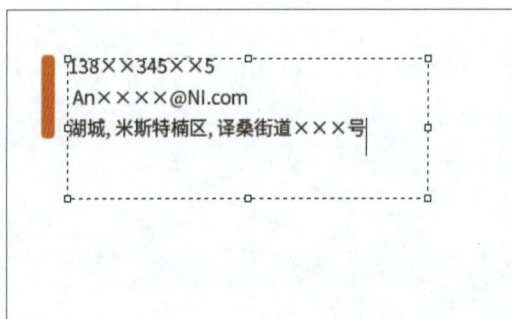

图6-32　输入段落文字

图6-33　个人名片最终效果

名片是公司或个人用于社交联络、宣传自身的卡片，其图案设计应简洁大方，且色彩不宜过多（最好不要超过3种颜色）。个人名片内容主要包含所在公司标志、所在公司名称、姓名、职务、业务范围、联系方式、地址等基本信息。这些信息能够将名片持有者和或公司的信息展示清楚，并向外传达出名片持有者专业、可靠的形象。

6.2.5　创建路径文字

使用形状工具组或"钢笔工具" ✐. 在图像中绘制一条路径，然后选择文字工具，将鼠标指针移动到路径起点，当鼠标指针变成✓形状时单击，可在路径上插入鼠标光标，如图6-34所示，输入文字内容后，文字将沿路径形状自动排列，如图6-35所示。

图6-34　在路径上插入鼠标光标　　　　　图6-35　路径文字效果

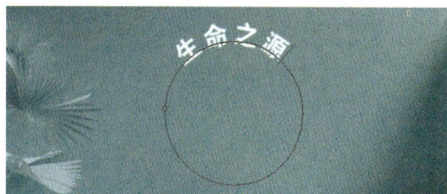

6.2.6　创建变形文字

为了使制作出的文字效果更加精美且更具个性化，可使用Photoshop提供的文字变形功能。该功能可将文字变形为扇形、弧形、拱形和旗帜等。选择文字工具后，在工具属性栏单击"创建文字变形"按钮 ꓘ，打开图6-36所示的"变形文字"对话框，在其中可设置具体的变形参数。

图6-36　"变形文字"对话框

- **样式**：用于设置变形样式，预设了14种变形样式。
- **水平**：单击选中"水平"单选项，即可设置文字扭曲的方式为水平方向。
- **垂直**：单击选中"垂直"单选项，即可设置文字扭曲的方式为垂直方向。
- **弯曲**：用于设置文字的弯曲程度。
- **水平扭曲/垂直扭曲**：用于设置文字的透视扭曲效果。

如果需要修改或取消文字变形效果，可以在"横排文字工具" ꓔ 或"直排文字工具" ꓕ 的工具属性栏中单击"创建文字变形"按钮 ꓘ，或直接选择【文字】/【文字变形】命令，打开"变形文字"对话框，在其中可修改文字变形的参数，在"变形文字"对话框的"样式"下拉列表中选择"无"选项，然后单击 确定 按钮，可取消文字变形效果。

6.2.7　课堂案例：设计产品升级标签

某款洗衣液升级了配方，达到了99%除菌的效果，商家准备着重宣传这一卖点，为此需要设计产品升级标签，将其用在产品主图和产品包装设计中。要求标签简约大方，具有视觉冲击力，色彩明亮、风格清爽。具体操作如下。

步骤 01　打开"标签样式.psd"文件（配套资源:\素材文件\第6章\标签样式.psd），使用"横排文字工具" T.在素材中央输入图6-37所示的文字。

步骤 02　选择"椭圆工具" ○.，在工具属性栏中设置工具模式为"路径"，在圆中绘制一个同心圆路径，然后选择"横排文字工具" T.，将鼠标指针移动到路径起点，单击插入鼠标光标，输入图6-38所示的文字。

步骤 03　使用"钢笔工具" ⌀.在蓝色箭头中绘制一个与箭头弧度相似的路径，使用"横排文字工具" T.在该路径上输入图6-39所示的文字。

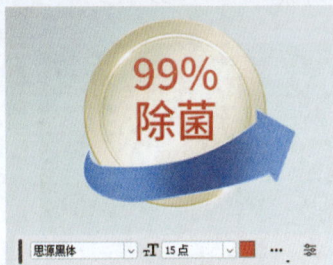

图6-37　输入文字	图6-38　输入圆形路径文字	图6-39　输入弧形路径文字

步骤 04　在工具属性栏中单击"创建文字变形"按钮 工，打开"变形文字"对话框，单击选中"水平"单选项，设置样式、弯曲、水平扭曲、垂直扭曲分别为"凸起""+21%""0""0"，单击 确定 按钮，效果如图6-40所示。

步骤 05　选择【图层】/【图层样式】/【描边】命令，打开"图层样式"对话框，设置描边颜色为"#2558af—#60b6f3—#2558af"，描边其他参数如图6-41所示；单击选中"渐变叠加"复选框，设置渐变颜色为"#fcebbe—#ffffff—#fcebbf"，渐变叠加的相关参数如图6-42所示，单击 确定 按钮，另存文件（配套资源:\效果文件\第6章\产品升级标签.psd），最终效果如图6-43所示。

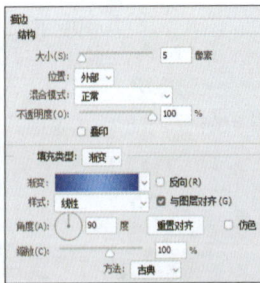

图6-40　变形文字	图6-41　设置描边参数	图6-42　渐变叠加的相关参数	图6-43　最终效果

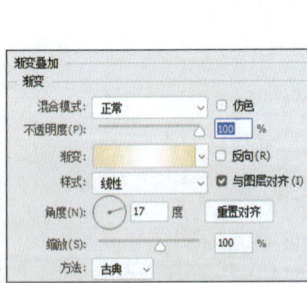

6.3　编辑文字

在 Photoshop 中，设计师不仅可为输入的文字设置字符格式和段落格式，使文字效果和文字版式更符合需求，还能通过栅格化文字和将文字转化为形状的操作，设计出更具创意的文字效果。

6.3.1 应用"字符"面板编辑字符格式

选择【窗口】/【字符】命令，打开"字符"面板，在其中可以设置字符格式。"字符"面板主要选项的作用如图 6-44 所示。

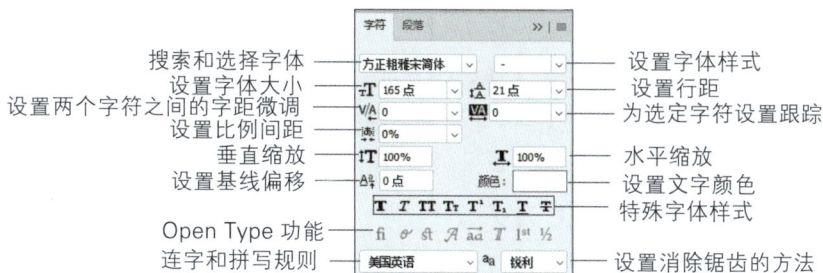

图6-44 "字符"面板主要选项的作用

资源链接："字符"面板参数详解

6.3.2 应用"段落"面板编辑段落格式

选择【窗口】/【段落】命令，打开"段落"面板；或在"字符"面板上单击"段落"选项卡，切换到"段落"面板，在其中可设置段落的对齐方式、缩进方式、避头尾法则和间距组合等属性。"段落"面板主要选项的作用如图 6-45 所示。

图6-45 "段落"面板主要选项的作用

资源链接："段落"面板参数详解

6.3.3 课堂案例：设计企业宣传三折页

科融智上科技有限公司为了更广泛地宣传公司业务、服务理念及企业文化，决定设计一款企业宣传三折页。要求尺寸为"42 厘米 ×29.7 厘米"，采用现代简洁风格，配色具有科技感，版式设计合理、文字易读，内容有层次感。具体操作如下。

微课视频
设计企业宣传三折页

步骤 01 新建名称、宽度、高度、分辨率、颜色模式分别为"企业宣传三折页""42 厘米""29.7 厘米""300 像素 / 英寸""CMYK 颜色"的文件。

步骤 02 创建 2 条垂直参考线，将图像编辑区三等分，使用"矩形工具" 在参考线之间绘制 3 个"14 厘米 ×29.7 厘米"的长方形，分别为白色、蓝色、白色，作为三折页背景。

步骤 03 打开"几何形状 .psd"文件（配套资源:\素材文件\第6章\几何形状 .psd），将其中的内容添加到三折页中并排版。在三折页中置入"科技.jpg"文件（配套资源:\素材文件\第6章\科

技 .jpg），将其调整到右侧的箭头形状上，按【Ctrl+Alt+G】组合键创建剪贴蒙版，效果如图 6-46 所示。

步骤 04　使用"横排文字工具" T.在左侧页面的圆右侧输入"公司简介"文字，打开"字符"面板，设置字体、字体样式、字距、文字颜色分别为"思源黑体""Bold""10""#3186c1"。

步骤 05　在文字下方输入"COMPANY PROFILE"文字，修改字体样式为"Medium"。按【Ctrl+T】组合键调整文字的大小和位置。在第 1 条虚线下方绘制文本框，通过复制和粘贴的方式输入图 6-47 所示的宣传语（配套资源:\素材文件\第 6 章\企业文案信息 .txt），在工具属性栏中单击"左对齐文本"按钮，设置字体样式、字体大小为"Regular""11 点"。

步骤 06　在第 2 条虚线下方绘制文本框，输入公司简介，如图 6-48 所示，设置字体大小、文字颜色分别为"9.5 点""黑色"。打开"字符"面板，设置行距为"18 点"；打开"段落"面板，单击"最后一行左对齐"按钮，设置首行缩进、段后添加空格、避头尾法则分别为"18 点""8 点""JIS 严格"，效果如图 6-49 所示。

步骤 07　在第 3 条虚线下方绘制文本框，输入图 6-50 所示的文字，并设置字符和段落格式。

步骤 08　使用前面的方法，在中间折页下方输入联系方式，并绘制装饰形状，中间折页的内容如图 6-51 所示。

图6-46　添加素材

图6-47　输入宣传语

图6-48　输入公司简介

图6-49　设置格式

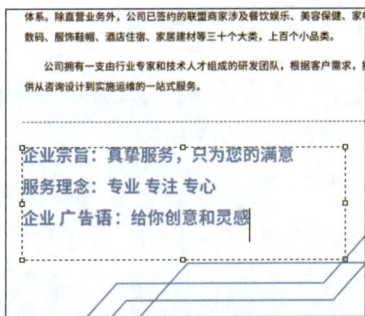

图6-50　输入文字并设置字符和段落格式

图6-51　中间折页的内容

步骤 09　使用前面的方法，在右侧折页下方输入公司名称、折页名称，保存文件（配套资源:\效果文件\第 6 章\企业宣传三折页 .psd），最终效果如图 6-52 所示。

图6-52　企业宣传三折页最终效果

6.3.4　栅格化文字

如果想对图层中的文字使用滤镜功能，或在文字图层上进行涂抹绘画等操作，需要先将文字图层转换为普通图层，即栅格化文字。具体方法为：选择文字图层，选择【文字】/【栅格化文本图层】命令，或单击鼠标右键，在弹出的快捷菜单中选择"栅格化文字"命令。

需要注意的是，文字图层中的文字属于矢量对象，设计师可以随时修改文字属性，修改后文字不会出现锯齿状边缘，但是栅格化文字后不可修改文字属性。

6.3.5　将文字转换为形状

若需要处理单个文字的局部区域，可先将文字转换为形状。具体方法为：选择文字所在的图层，选择【文字】/【转换为形状】命令；或单击鼠标右键，在弹出的快捷菜单中选择"转换为形状"命令，该文字图层将变为矢量形状图层，如图6-53所示，之后可使用"直接选择工具" 选择文字上方的锚点来调整文字形状。

> **技巧经验**
>
> 将文字转换为形状后，无法修改文字内容，也无法调整字体、字距等属性，因此在将文字转换为形状前，建议先复制一个文字图层作为备份。

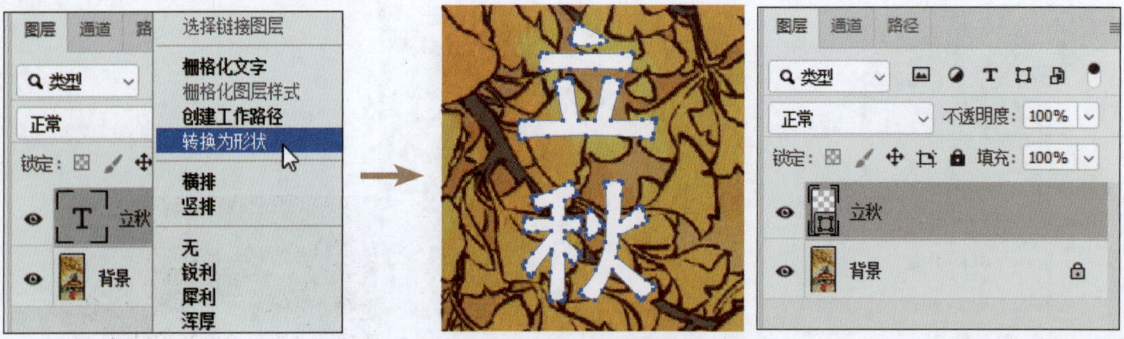

图6-53　将文字转换为形状

6.3.6　课堂案例：设计“青花瓷”文字标志

青花瓷作为中国传统的工艺品，因其独特的蓝白色彩和精致的花纹深受人们喜爱。为了传承和弘扬这一文化瑰宝，某文创组织计划设计一款以“青花瓷”文字为核心元素的标志，用于其系列文化产品的推广和品牌建设。该标志的尺寸为“1000像素 ×2000 像素”，需具备独特性和创意性，并巧妙融入青花瓷的典型花纹和色彩，文字部分需清晰易读，同时体现青花瓷的雅致韵味。具体操作如下。

微课视频
设计“青花瓷”文字标志

步骤 01　新建名称、宽度、高度、分辨率分别为“‘青花瓷’文字标志”“1000 像素”“2000 像素”“300 像素 / 英寸”的文件。

步骤 02　选择“直排文字工具”，设置字体为“方正藏意汉体简体”，字体颜色为“#126684”，分别输入“青”“花”“瓷”3 个字。输入时，“青”“花”二字的字号应比“瓷”的字号小，然后调整文字位置。

步骤 03　选中这 3 个字所在的图层，选择【文字】/【转换为形状】命令，效果如图 6-54 所示。

步骤 04　使用“钢笔工具”绘制“青”字顶部横笔画右侧部分，在工具属性栏中单击按钮，在打开的下拉列表中选择“减去顶层形状”选项，去除“青”字顶部横笔画右侧部分，然后添加祥云图案（配套资源 :\ 素材文件 \ 第 6 章 \ 祥云图案 .psd）到被去除部分。

步骤 05　使用“直接选择工具”选择“青”字的竖钩笔画锚点，向下拖曳锚点以延长竖钩笔画，效果如图 6-55 所示。

步骤 06　使用步骤 04 和步骤 05 的方法调整“花”“瓷”二字，然后为“花”字添加祥云图案，效果如图 6-56 所示。

步骤 07　选择“直接选择工具”，在各个文字笔画中两条路径的交叉处拖曳锚点，以调整笔画弧度。

步骤 08　将“青花瓷 .png”文件（配套资源 :\ 素材文件 \ 第 6 章 \ 青花瓷 .png）置入“瓷”字中“瓦”的点笔画处，使文字的效果更加符合青花瓷主题，保存文件（配套资源 :\ 效果文件 \ 第 6 章 \“青花瓷”文字标志 .psd），最终效果如图 6-57 所示。

图6-54　转换为形状　　图6-55　调整"青"字　　图6-56　调整 "花""瓷"二字　　图6-57　最终效果

课堂实训

实训1　设计元宵节习俗科普长图

实训目标

为了增进公众对我国传统节日——元宵节的了解，某公众号计划设计一幅科普长图，通过图文并茂的方式，直观展示南北方元宵节习俗的异同，要求长图尺寸为"850 像素 ×2800 像素"，设计效果活泼生动，具有元宵节氛围感，图文并茂，文字简洁明了，参考效果如图 6-58 所示。

【素材位置】配套资源 :\ 素材文件 \ 第 6 章 \ 元宵节素材 .psd

【效果位置】配套资源 :\ 效果文件 \ 第 6 章 \ 汤圆 .png、元宵节习俗科普长图 .psd

实训思路

步骤 01　使用 AIGC 工具生成汤圆图像素材，结合"元宵节素材 .psd"文件中的素材布局长图。

步骤 02　为部分图像素材添加"投影""渐变叠加"图层样式，使其更具立体感。

步骤 03　使用文字工具输入标题文字，并将其调整为倾斜样式，添加"投影""内发光"图层样式。

步骤 04　使用文字工具输入与习俗相关的段落文字，设置段落格式，绘制段落文字背景，适当添加图层样式美化背景，保存文件。

图6-58　元宵节习俗科普长图参考效果

实训2　设计开学季活动易拉宝

实训目标

新学期即将到来，某文具店铺准备开展促销活动，现需要设计一张"74 厘米 × 180 厘米"的易拉宝，以展示活动主题、优惠折扣、赠品内容等信息，同时营造"新学期加油"的氛围。要求易拉宝中信息精炼、简洁明了，亮点突出，设计风格、效果能吸引受众注意力，色彩鲜亮，图文并茂，参考效果如图 6-59 所示。

【效果位置】配套资源:\效果文件\第 6 章\"3D 图像"文件夹、开学季活动易拉宝 .psd

实训思路

步骤 01　使用 AIGC 工具生成与开学季相关的 3D 图像素材，如书包、书本、计算器等。

步骤 02　创建易拉宝文件，绘制背景和几何形状并进行布局，适当运用图层样式、图层混合模式、图层不透明度丰富背景效果。

步骤 03　在易拉宝中上方位置添加生成的 3D 图像素材，并为学生图像添加"投影"图层样式，增强立体感。

步骤 04　在易拉宝右上角绘制蓝色正圆，结合钢笔工具和文字工具在正圆外侧输入路径文字，再使用文字工具在正圆中央输入文字。

图6-59　开学季活动易拉宝参考效果

步骤 05　使用文字工具输入关于活动的其他文字信息，设置合适的文字格式，倾斜部分文字，适当运用图层样式、图层不透明度制作特殊的标题效果。

步骤 06　为文字绘制三角形、圆形、箭头、虚线等装饰形状，保存文件。

课后练习

练习1　设计房地产电梯广告

某房地产企业准备制作"60 厘米 × 80 厘米"的电梯广告，然后将其投放在电梯中以宣传一处新楼盘，要求将楼盘图像和夜景融合在一起，效果具有吸引力，同时清晰明了地展现楼盘卖点、地址等信息，参考效果如图 6-60 所示。

【素材位置】配套资源:\素材文件\第 6 章\房地产电梯广告素材 .psd

【效果位置】配套资源:\效果文件\第 6 章\房地产电梯广告 .psd

图6-60 房地产电梯广告参考效果

练习2 设计陶瓷展览招贴

某展览中心承办了"中国陶瓷"展览，需要制作"60厘米×80厘米"的招贴并投放在展览馆、车站等场所，以提高展览的知名度，吸引更多人前来观展。招贴要采用剪纸风格，重点信息识别度高，标题文字富有新意，设计师可以使用AIGC工具生成标题艺术字。陶瓷展览招贴参考效果如图6-61所示。

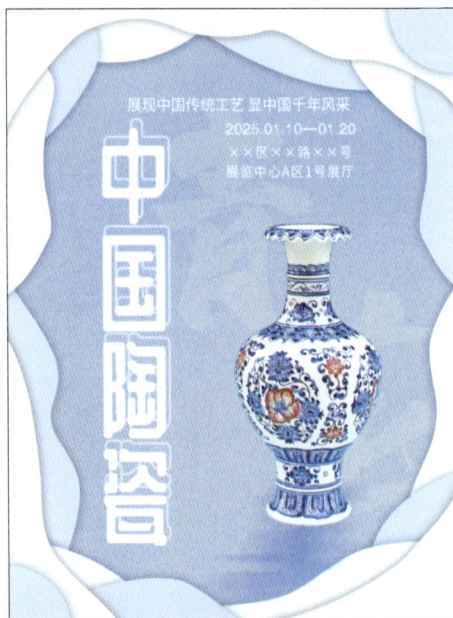

图6-61 陶瓷展览招贴参考效果

【素材位置】配套资源:\素材文件\第6章\"陶瓷展览招贴素材"文件夹

【效果位置】配套资源:\效果文件\第6章\陶瓷展览招贴.psd

练习3　设计招聘长图

云亿科技公司即将启动2025年度的招聘活动，现准备制作招聘长图，让广大应聘者了解公司情况和岗位详情，要求招聘长图的尺寸为"1080像素×4600像素"，设计风格要契合公司的行业属性，以文字信息为主，布局清晰、有层次，重点内容突出，标题文字要具有创意性，设计师可以使用AIGC工具生成标题艺术字。招聘长图的参考效果如图6-62所示。

【素材位置】配套资源:\素材文件\第6章\"招聘长图素材"文件夹

【效果位置】配套资源:\效果文件\第6章\招聘长图.psd

图6-62　招聘长图的参考效果

第 7 章

应用蒙版与通道

本章导读

蒙版与通道是Photoshop中用于合成图像的重要功能。使用蒙版可在不改变原图像的前提下，隐藏或显示部分图像，从而获得各种有创意的图像合成效果。使用通道可以调整与改变图像的色彩，也能丰富图像的视觉效果，还能精确地分离出复杂图像中的特定部分。

学习目标

1. 掌握各类蒙版的使用方法。
2. 掌握关于通道的基本操作及通道运算方法。
3. 能够使用 AIGC 工具实现图像的创意融合。

案例展示

1. 在 Photoshop 中，如何实现图像的非破坏性编辑？请上网搜索或借助 AIGC 工具查找相关方法。

2. 下列设计作品均通过图像合成方法呈现出超现实风格，请分析这些设计作品的画面由哪些图像素材构成，并探讨如何利用 Photoshop 实现这些图像素材的无缝融合。

3. 借助 AIGC 工具了解蒙版与通道的作用，以及蒙版与通道在图像处理中具有创意的应用实例，并分析这些应用实例的独特之处。

7.1　蒙版

蒙版类似图层上的一张隐藏的纸，可以隔离和保护图像中的某个区域，并通过改变纸的外形来控制图像的显示效果。蒙版是合成图像中不可或缺的工具，也是平面设计中的常用操作。Photoshop 提供了 4 种蒙版，包括图层蒙版、剪贴蒙版、快速蒙版和矢量蒙版。

7.1.1　图层蒙版

图层蒙版可以控制图层中不同区域的隐藏或显示状态。编辑图层蒙版可以将各种特殊效果应用于图层中的图像上，且不会影响该图层的像素。

1. 创建图层蒙版

图层蒙版是一种灰度模式图像，其中黑色部分表示隐藏区域，白色部分表示可见区域，而灰色部分则表示以一定透明度显示的区域。创建图层蒙版主要有以下 3 种方法。

- 在"图层"面板中选择需要添加图层蒙版的图层，选择【图层】/【图层蒙版】/【显示全部】命令，即可得到一个显示全部内容的图层蒙版，如图 7-1 所示，此时图层蒙版缩略图完全呈白色。

- 在图像有选区的状态下，单击"图层"面板中的"添加图层
蒙版"按钮■，可以为选区以外的图像部分添加图层蒙版，
图7-2所示为使用椭圆选区创建图层蒙版，此时图层蒙版缩略
图中只有选区内的部分才呈白色，而选区以外的部分则呈黑色。
- 若图像中没有选区，单击"添加图层蒙版"按钮■可为整个画
面添加蒙版，此时设置前景色为黑色、背景色为白色，再使用
"画笔工具"■涂抹画面，即可绘制图层蒙版，如图7-3所示。

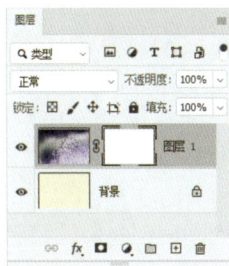

图7-1　显示全部内容的图层蒙版

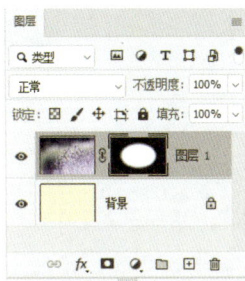

图7-2　使用椭圆选区创建图层蒙版

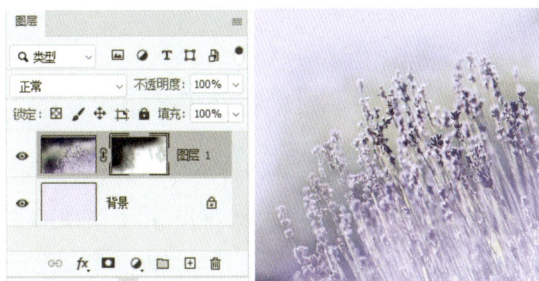

图7-3　绘制图层蒙版

2. 编辑图层蒙版

通过停用图层蒙版、启用图层蒙版、删除图层蒙版等操作，可以编辑图层蒙版，使图像效果更
加符合设计需求。

- **停用图层蒙版**：选择【图层】/【图层蒙版】/【停用】命令；或者在需要停用的图层蒙版上单击
鼠标右键，在弹出的快捷菜单中选择"停用图层蒙版"命令，可将当前选择的图层蒙版停用。停
用的图层蒙版缩略图会显示为■。
- **启用图层蒙版**：在"图层"面板中单击已经停用的图层蒙版图标■，即可启用该图层蒙版。
- **删除图层蒙版**：如果要删除图层蒙版，在图层蒙版缩略图上单击鼠标右键，在弹出的快捷菜单中
选择"删除图层蒙版"命令即可。

7.1.2　剪贴蒙版

剪贴蒙版主要由基底图层和内容图层组成，使用处于下层图层（基底图层）的形状来限制上层图
层（内容图层）的显示状态。具体方法为：选择内容图层后，选择【图层】/【创建剪贴蒙版】命令；或
单击鼠标右键，在弹出的快捷菜单中选择"创建剪贴蒙版"命令；或按【Ctrl+Alt+G】组合键，都可以
创建以基底图层形状为外观的蒙版，并且内容图层和基底图层的状态也会发生变化，如图7-4所示。

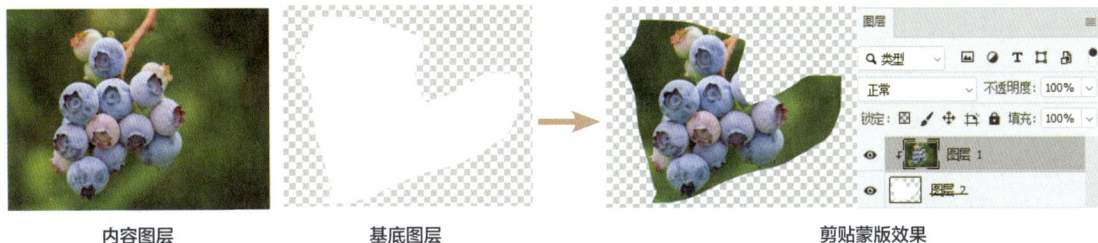

内容图层　　　　　　基底图层　　　　　　剪贴蒙版效果

图7-4　创建剪贴蒙版

知识补充

基底图层的不透明度会影响内容图层的显示程度，当基底图层的不透明度为100%时，内容图层就会完全显示；基底图层的不透明度为0%时，内容图层将完全不显示。基底图层像素的不透明度为1%～99%时，内容图层会呈现相同程度的透明效果。

为图层创建剪贴蒙版后，若觉得效果不佳可将剪贴蒙版取消，即释放剪贴蒙版。选择需要释放的剪贴蒙版，再选择【图层】/【释放剪贴蒙版】命令，或按【Ctrl+Alt+G】组合键，即可释放剪贴蒙版。

7.1.3 课堂案例：合成中国航天日创意海报

为庆祝中国航天日，设计师需设计一款创意海报，以传递中国航天人的创新精神与探索未知的勇气。要求海报尺寸为“3000 像素 ×2000 像素”，海报创意独特、氛围感强烈，体现航天元素，视觉效果突出，文案简洁，能够准确传达主题。具体操作如下。

微课视频
合成中国航天日创意海报

步骤 01　新建名称、宽度、高度、分辨率分别为“中国航天日创意海报”“3000 像素”“2000 像素”“72 像素 / 英寸”的文件。

步骤 02　置入“蓝色背景 .jpg”“星球 .png”文件（配套资源:\素材文件\第 7 章\蓝色背景 .jpg、星球 .png），如图 7-5 所示，设置“星球”图层的混合模式为“滤色”。

步骤 03　打开“光环 .psd”文件（配套资源:\素材文件\第 7 章\光环 .psd），将其中的“光环 1”图层复制到海报左上方，如图 7-6 所示，设置其混合模式为“滤色”。

步骤 04　单击“添加图层蒙版”按钮，选择“橡皮擦工具”，设置样式为“柔边圆”，大小为“300 像素”，擦除部分区域，图层蒙版中被擦除的区域将呈黑色，如图 7-7 所示。

图7-5　置入素材

图7-6　将“光环1”图层复制到海报左上方

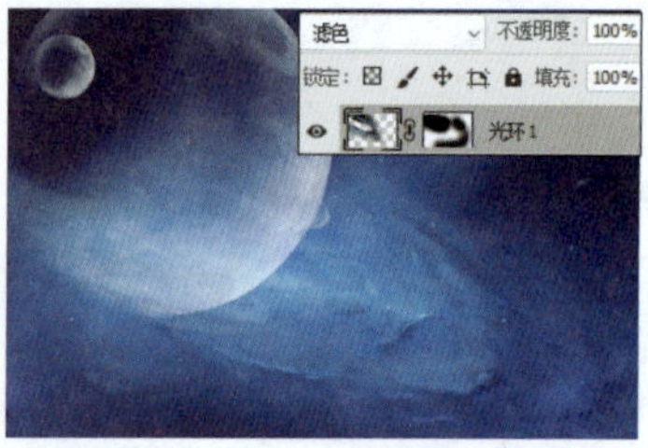

图7-7　设置“光环1”的图层蒙版

步骤 05　将“光环 .psd”文件中的“光环 2”图层复制到海报左侧，设置该图层不透明度为“50%”，混合模式为“滤色”，单击“添加图层蒙版”按钮，使用“橡皮擦工具”擦除部分区域，如图 7-8 所示。

步骤 06　置入“火箭 .png”“岩石 .jpg”文件（配套资源:\素材文件\第 7 章\火箭 .png、岩石 .jpg）。使用“钢笔工具”在岩石图像上绘制山峰形状的路径，如图 7-9 所示。

步骤 07　按【Ctrl+Enter】组合键将路径转化为选区，单击“添加图层蒙版”按钮，设置“岩石”的图层蒙版，如图 7-10 所示。

图7-8 设置"光环2"的图层蒙版

图7-9 绘制山峰形状的路径

图7-10 设置"岩石"的图层蒙版

步骤 08 使用"横排文字工具" 在画面中央输入"CHINA"文字，设置字体、字体样式、字体大小、字体颜色分别为"思源黑体""Heavy""761""白色"。选中"岩石"图层的图层蒙版缩略图，按住【Alt】键不放将该图层蒙版缩略图拖曳到"CHINA"图层上，以复制该图层蒙版，如图 7-11 所示。

📖 **知识补充**

在拖曳图层蒙版缩略图到另一图层上时，不按住【Alt】键的操作效果为：将原图层中的蒙版移动到另一图层上，原图层中的蒙版消失。而按住【Alt】键的操作效果为：将原图层中的蒙版复制到另一图层上，原图层中的蒙版仍保留。

步骤 09 选中"CHINA"所在图层的图层蒙版，按【Ctrl+I】组合键反相，选择"橡皮擦工具" ，设置大小、流量分别为"1100 像素""50%"，在文字底部水平涂抹，制作出半透明效果，效果如图 7-12 所示。

步骤 10 打开"航天员 .psd"文件（配套资源:\ 素材文件 \ 第 7 章 \ 航天员 .psd），将其中的航天员图像添加到海报中，如图 7-13 所示。

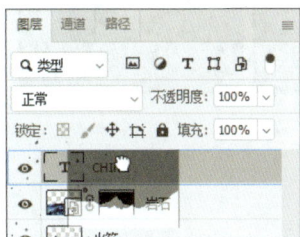

图7-11 通过拖曳复制图层蒙版

图7-12 文字的图层蒙版效果

图7-13 添加航天员图像

步骤 11 此时航天员图像偏黄，与蓝色调的海报不协调，需要单独调色，在"图层"面板底部单击 按钮，在打开的下拉列表中选择"曲线"选项，得到"曲线 1"调整图层，在曲线上单击创建调整点并向下拖曳，设置输入、输出分别为"141""106"；使用相同方法创建"色彩平衡 1"调整图层，设置色阶为"−100、0、+100"，效果如图 7-14 所示。

步骤 12 同时选中"曲线 1"调整图层和"色彩平衡 1"调整图层，按【Ctrl+Alt+G】组合键将其创建为下方图层组的剪贴蒙版，如图 7-15 所示，使调色效果仅作用于航天员图像，不影响其他内容。

📑 **技巧经验**

创建好剪贴蒙版后，若还需要添加多个内容图层，可直接将要添加的内容图层拖曳到现有基底图层和现有内容图层之间，还可调整多个内容图层的顺序，不同的顺序将产生不同的效果。

步骤 13 使用"横排文字工具" **T.** 在海报底部输入"中国航天日"的中英文，保存文件（配套资源:\效果文件\第 7 章\中国航天日创意海报 .psd），最终效果如图 7-16 所示。

图7-14 调整曲线和色彩平衡　　　　图7-15 创建剪贴蒙版　　　　图7-16 最终效果

AIGC 应用　创意融合图像

创意融合图像是将多张图像进行无缝融合的技术，利用该技术，AIGC工具能够识别不同图像中的特征，通过智能叠加，使得融合后的图像更加自然、和谐，并保留原图的特点和风格。

操作方法：上传多张需要融合的图像，可以选填融合后的图像效果描述，确认后，AIGC工具即可进行图像的创意融合。

示例：

平台：Midjourney 中文站
模式：工具箱>图片融合
上传图片：素材文件\第 7 章\叠加融合 (1).jpg、叠加融合 (2).jpg
生成结果：效果文件\第 7 章\叠加融合效果 .png

7.1.4　快速蒙版

快速蒙版又称临时蒙版，利用快速蒙版，可以将选区作为蒙版进行编辑，还可以使用多种工具和命令来修改蒙版的显示范围。具体方法为：选择图层并在该图层中创建选区，单击工具箱底部的"以快速蒙版模式编辑"按钮 创建快速蒙版，有选区的部分正常显示，没有选区的部分显示为红色，如图 7-17 所示。在非红色区域使用画笔工具 或铅笔工具 涂抹图像，可使被涂抹区域显示为红色，再次单击处于选中状态的"以快速蒙版模式编辑"按钮 退出编辑模式，此时，被涂抹区域将从选区中减去。

图7-17　应用快速蒙版

7.1.5　矢量蒙版

矢量蒙版是使用形状工具组、钢笔工具组等矢量绘图工具创建的蒙版，它可以通过在图层上绘制路径形状来控制图像的显示和隐藏状态，并且可以随时调整与编辑路径节点，以创建精准的蒙版区域。选择素材图像，使用矢量绘图工具绘制路径，选择【图层】/【矢量蒙版】/【当前路径】命令，便可基于当前路径创建矢量蒙版，如图 7-18 所示。

图7-18　基于当前路径创建矢量蒙版

创建矢量蒙版后，可以进行以下操作。

· **在矢量蒙版中添加形状**：创建矢量蒙版后，在矢量蒙版略览图上单击，可继续使用钢笔工具组或形状工具组在矢量蒙版中绘制路径，并添加形状。

· **变换矢量蒙版中的形状**：在需要调整的矢量蒙版缩略图上单击，然后选择"路径选择工具" ▶，在形状上单击，当形状周围出现路径和锚点时，可通过编辑路径和锚点来变换该形状。

· **将矢量蒙版转换为图层蒙版**：在矢量蒙版缩略图上单击鼠标右键，在弹出的快捷菜单中选择"栅格化矢量蒙版"命令，可将矢量蒙版转换为图层蒙版。

7.1.6　课堂案例：设计古镇形象广告

随着旅游业的蓬勃发展，古镇逐渐成为游客探寻历史文化、体验民俗风情的热门目的地。某古镇为了推广当地旅游业并树立良好形象，准备制作"42.6 厘米 × 24 厘米"的广告，宣传古镇的标志性风景，要求广告具有设计感，视觉效果美观。具体操作如下。

微课视频

设计古镇形象广告

步骤 01　新建名称、宽度、高度、分辨率分别为"古镇形象广告""42.6 厘米""24 厘米""150 像素/英寸"的文件。依次置入"底纹 .jpg""古镇 .jpg"文件（配套资源:\素材文件\第 7 章\底纹 .jpg、古镇 .jpg），调整图像的大小和位置。

步骤02　选择"画笔工具" ，设置画笔样式为"柔边圆"，按【Q】键进入快速蒙版编辑状态。设置前景色为"#000000"，使用"画笔工具" 在图像上涂抹，如图7-19所示。

步骤03　选择【滤镜】/【滤镜库】命令，打开"滤镜库"对话框，在"艺术效果"滤镜组中选择"调色刀"滤镜，保持默认设置不变；单击"滤镜库"对话框右下方的 按钮，增加一个滤镜效果图层，在"画笔描边"滤镜组中选择"喷色描边"滤镜，并设置描边长度为"20"，喷色半径为"25"；单击 按钮增加一个滤镜效果图层，在"纹理"滤镜组中选择"龟裂缝"滤镜，并设置裂缝间隙、裂缝深度、裂缝亮度分别为"15""7""8"，单击 确定 按钮确认滤镜效果，然后按【Q】键退出快速蒙版编辑状态，得到应用滤镜后的图像选区，如图7-20所示。

图7-19　在快速蒙版编辑状态下涂抹古镇图像

图7-20　应用滤镜后的图像选区

步骤04　按【Delete】键删除选区内的图像，再按【Ctrl+D】组合键取消选区，效果如图7-21所示。此时可发现，图片右侧的边界区域还很明显，过渡不够美观，为了提升效果的美观性，可使用"橡皮擦工具" 擦除右侧边缘，然后将图片向左移动。

步骤05　置入"梅花.png"文件（配套资源:\素材文件\第7章\梅花.png），将其放置到广告右上方。选择"梅花"所在图层，使用"钢笔工具" 在梅花图像上绘制路径，如图7-22所示。

图7-21　删除选区内的图像并取消选区

图7-22　绘制路径

步骤06　选择【图层】/【矢量蒙版】/【当前路径】命令，创建矢量蒙版，可发现路径外的区域被隐藏，矢量蒙版效果如图7-23所示，然后使用"移动工具" 将梅花图像向右上方移动。

技巧经验

若选择"当前路径"命令后，绘制的路径直接隐藏了路径区域，那是因为选择"钢笔工具" 后，在工具属性栏"路径操作"下拉列表中选择了"减去顶层形状"选项，若想要显示路径区域，可取消选择该选项，再选择"合并形状"选项。

步骤07　打开"美丽世界.psd"文件（配套资源:\素材文件\第7章\美丽世界.psd），将其中所有内容拖曳到广告右侧，保存文件（配套资源:\效果文件\第7章\古镇形象广告.psd），最终效果如图7-24所示。

图7-23　矢量蒙版效果

图7-24　古镇形象广告最终效果

7.2　通道

在Photoshop中，通道是存放颜色和选区信息的重要载体。在图像处理中，若需要抠取婚纱、玻璃水杯等包含半透明区域的图像，可使用通道快速完成。

7.2.1　关于通道的基本操作

与通道相关的操作通常在"通道"面板中进行，选择【窗口】/【通道】命令，可打开"通道"面板。

1. 创建通道

通道有颜色通道、专色通道和Alpha通道3种类型，并且不同通道有不同的创建方法。

- 创建颜色通道：打开或新建一个文件后，"通道"面板将自动创建颜色通道。
- 创建专色通道：单击"通道"面板右上角的▤按钮，在弹出的下拉菜单中选择"新建专色通道"命令，即可创建专色通道。
- 创建Alpha通道：单击"通道"面板右上角的▤按钮，在弹出的下拉菜单中选择"新建Alpha通道"命令，即可创建Alpha通道。

2. 复制与删除通道

在处理通道时，为了不影响原通道中的信息，通常需要先复制所要处理的通道。此外，为了缩小图像文件，可删除不需要的通道。这些操作都建立在已选中所需处理的通道的基础上。

复制与删除通道的方法如下。

- 通过拖曳：将通道拖曳到"创建新通道"⊞按钮上，可复制该通道；将通道拖曳到"删除当前通道"🗑按钮上，可删除该通道。
- 通过▤按钮：单击面板右上角的▤按钮，在弹出的下拉菜单中选择"复制通道"命令，可复制该通道；选择"删除通道"命令，可删除该通道。
- 通过鼠标右键：单击鼠标右键，在弹出的快捷菜单中选择"复制通道"命令，可复制该通道；选择"删除通道"命令，可删除该通道。

3. 分离与合并通道

若需要分别处理各个通道中的图像，可先分离通道，再处理分离后的各个通道。由于分离出来的通道文件将以灰度模式显示，设计师需要在处理完成后将分离出的通道文件合并，才能查看处理后的通道文件的颜色效果。

- **分离通道**：打开文件后，单击"通道"面板右上角的≡按钮，在弹出的下拉菜单中选择"分离通道"命令，可分别为各个通道内的图像创建文件。分离出的文件个数受图像文件的颜色模式影响，并且分离出的图像文件的颜色通道信息与原图像文件的颜色通道信息一致。

- **合并通道**：选择任意一个分离出来的文件，单击"通道"面板右上角的≡按钮，在弹出的下拉菜单中选择"合并通道"命令；打开"合并通道"对话框，在"模式"下拉列表中选择合并模式，如选择"RGB颜色"选项，单击 按钮；打开"合并RGB通道"对话框，保持指定通道的默认设置，单击 确定 按钮，合并通道，如图7-25所示。需要注意的是，分离通道后再合并通道，所得的图像文件是全新文件，其名称与原文件名称不一致。

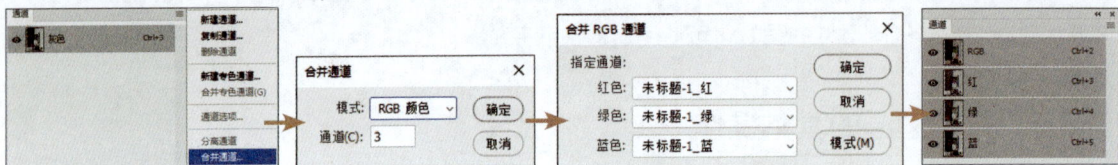

图7-25　合并通道

7.2.2　通道运算

通道运算是指通过运算融合图像的不同通道，实现对图像的复杂处理和控制，可以创造出独特的艺术效果。通道运算常使用"应用图像"命令和"计算"命令来完成。

1. "应用图像"命令

使用"应用图像"命令能将当前图像的图层或通道（源）与其他图像（目标）的图层或通道混合，从而形成一种特别的艺术效果。将需要进行通道运算的两个图像素材添加到同一个文件的不同图层中，然后选择所要操作的图层，选择【图像】/【应用图像】命令，打开"应用图像"对话框，如图7-26所示，在其中进行相应设置后，单击 确定 按钮。"应用图像"对话框中各参数的作用如下。

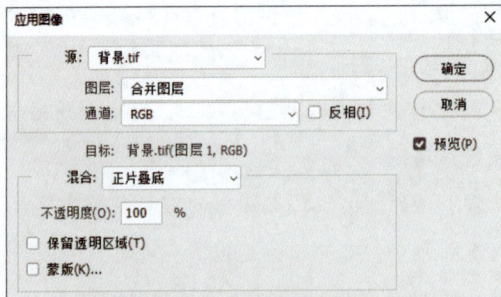

图7-26　"应用图像"对话框

- **源**：用于选择混合通道的源文件。源文件需要先在 Photoshop 中打开，才能被选择。
- **图层**：用于选择参与混合的图层。
- **通道**：用于选择参与混合的通道。
- **反相**：单击选中该复选框，可使通道中的图像先反相，再进行混合。
- **目标**：用于显示被混合的对象。
- **混合**：用于设置混合模式。
- **不透明度**：用于控制混合图像的透明程度。
- **保留透明区域**：选中该复选框，会将混合效果限制在图层的不透明区域内。
- **蒙版**：选中该复选框，将显示"蒙版"相关选项，可将任意颜色通道或 Alpha 通道作为蒙版。

2. "计算"命令

"计算"命令的作用与图层混合模式类似，但其作用不像图层混合模式那么单一。使用"计算"命令能计算同一个文件或多个文件中的通道（要保证参与计算的图像所在文件的像素、尺寸均相同），使其生成新的文件、通道、选区等，从而更加方便地调整图片的不同曝光区域。打开要运算的文件，选择【图像】/【计算】命令，打开"计算"对话框，设置源 1 通道、源 2 通道和混合模式，单击 确定 按钮后可以在"通道"面板中查看计算生成的新 Alpha 通道，如图 7-27 所示。

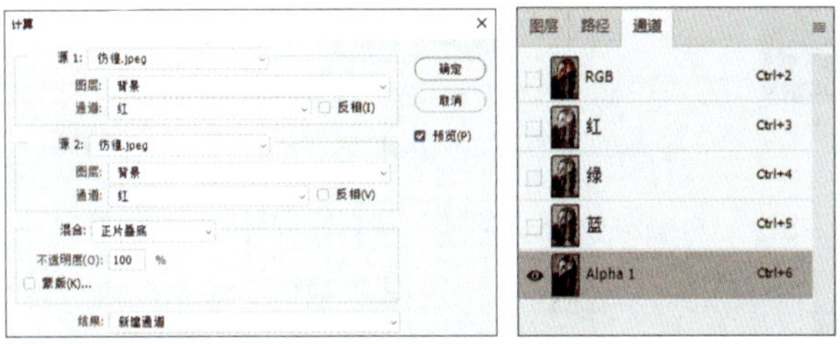

图7-27　计算通道

"计算"对话框中各参数的作用如下。

- **源 1**：用于选择计算的第 1 个源图像、图层或通道。
- **源 2**：用于选择计算的第 2 个源图像、图层或通道。
- **图层**：源图像中包含了多个图层时，可在此选择需要参与计算的图层。
- **混合**：用于设置通道的混合模式。
- **结果**：用于设置计算完成后的结果。选择"新建文档"选项，将得到一个灰度模式下的图像；选择"新建通道"选项，计算的结果将会保存到一个新的通道中；选择"选区"选项，将生成一个新的选区。

7.2.3　课堂案例：抠取玻璃杯

某店铺为自家的一款柠檬水拍摄了图片，在夏日来临之际准备将图片背景替换为贴合季节氛围的背景进行展示，该款柠檬水用玻璃杯盛装，因此抠图时要求抠取的玻璃杯在保持通透性的同时保持轮廓清晰。具体操作如下。

微课视频

抠取玻璃杯

137

步骤 01　打开"玻璃杯 .jpg"文件（配套资源 :\ 素材文件 \ 第 7 章 \ 玻璃杯 .jpg），在上下文任务栏中单击 选择主体 按钮，得到图 7–28 所示的选区。

步骤 02　使用"套索工具" 减去不需要的瓶口、水流选区，将未被选中的不需要的玻璃杯图像添加到选区中，按【Ctrl+J】组合键复制，隐藏"背景"图层，效果如图 7–29 所示，此时虽然完整地抠出了水杯，但玻璃杯和柠檬水没有呈现半透明效果。

步骤 03　按住【Ctrl】键不放，单击"图层 1"的图层缩略图，载入选区。打开"通道"面板，单击"将选区储存为通道"按钮 ，创建"Alpha 1"通道，选区自动填充为白色。

步骤 04　单击每个颜色通道进行查看，发现"红"通道中图像的黑白对比更鲜明，在该通道上单击鼠标右键，在弹出的快捷菜单中选择"复制通道"命令，打开"复制通道"对话框，保持默认设置不变，单击 确定 按钮，得到"红 拷贝"通道，如图 7–30 所示。

图7-28　选择主体　　　　图7-29　完整抠取水杯的效果　　　　图7-30　得到"红 拷贝"通道

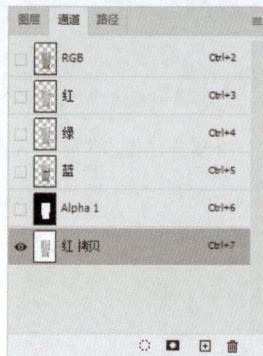

步骤 05　选中"红 拷贝"通道，选择【图像】/【计算】命令，打开"计算"对话框，设置源 2 通道为"Alpha1"，混合为"减去"，其他默认设置保持不变，单击 确定 按钮，计算得到"Alpha 2"通道，如图 7–31 所示。

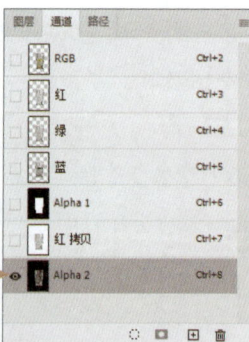

步骤 06　查看计算通道后的效果，在"通道"面板底部单击"将通道作为选区载入"按钮 ，载入通道的玻璃杯选区，如图 7–32 所示。

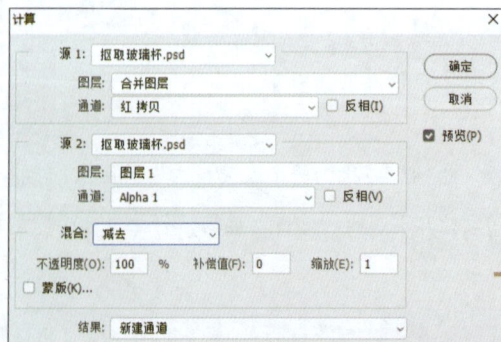

图7-31　计算得到"Alpha 2"通道　　　　图7-32　载入通道的玻璃杯选区

步骤 07　单击"RGB"通道，显示图像完整的色彩效果。切换到"图层"面板。按【Shift+Ctrl+I】组合键反选，单击"添加图层蒙版"按钮 ，抠取的玻璃杯效果如图 7–33 所示。

步骤 08　打开"海边背景 .jpg"文件（配套资源 :\ 素材文件 \ 第 7 章 \ 海边背景 .jpg），将抠取好的玻璃杯拖曳到背景中，调整其大小与位置。

知识补充

在Alpha通道中，白色代表可被选择的区域，黑色代表不可被选择的区域，灰色代表可部分选择的区域，即羽化区域。因此使用白色画笔涂抹Alpha通道可扩大选区，使用黑色画笔涂抹Alpha通道可收缩选区，使用灰色画笔涂抹Alpha通道可扩大羽化范围。

步骤 09　此时玻璃杯不够透亮，可创建"曲线"调整图层，调整曲线如图7-34所示，将调整图层创建为玻璃杯所在图层的剪贴蒙版，保存所有文件（配套资源:\效果文件\第7章\抠取玻璃杯.psd、替换玻璃杯背景.psd），最终效果如图7-35所示。

 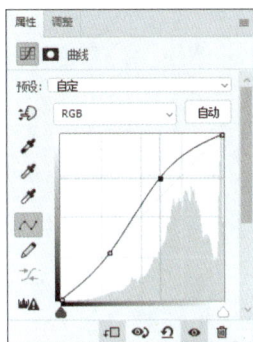 

图7-33　抠取的玻璃杯效果　　　图7-34　调整曲线　　　　图7-35　最终效果

AIGC 应用　AI换背景

AI换背景是图像编辑领域的一项重要创新。它利用深度学习和计算机视觉技术，智能识别图像中的主体与背景，并自动进行精准分离，大大缩短了图像编辑时间，常用于人像写真、产品摄影、广告设计等领域。

操作方法：上传图片后，选择背景模板或输入背景描述，然后AIGC工具会自动识别并分离出图片中的主体与背景，并将新的背景与主体进行融合。

示例：

平台：图可丽
模式：自动设计模板>换背景
上传图片：素材文件\第7章\玻璃杯.jpg
背景描述：杯子放在桌上，夏日海滩，沙滩，阳光灿烂，晴天，海浪，椰子树
生成结果：效果文件\第7章\AI换背景1.png

平台：美图设计室
模式：AI商拍>人像换背景
上传图片：素材文件\第7章\街拍.jpg
画面比例：原图比例
场景：推荐>薰衣草花田
生成结果：效果文件\第7章\AI换背景2.jpg

课堂实训

实训1　设计电影海报

实训目标

　　某电影制作方计划在教师节当天上映《致敬恩师》电影，该电影讲述了历史中的师生故事，设计师现需设计"2000 像素 ×3000 像素"的电影海报，预告上映日期。要求海报设计具有创意，展示师生、知识等相关元素，风格传统，配色古朴，富有韵味，参考效果如图 7-36 所示。

图7-36　电影海报参考效果

　　【素材位置】配套资源 :\ 素材文件 \ 第 7 章 \ "电影海报素材"文件夹

　　【效果位置】配套资源 :\ 效果文件 \ 第 7 章 \ 电影海报 .psd

实训思路

　　步骤 01　创建电影海报文件，绘制出具有层次感的浅棕色、黄色、棕色、白色的背景图像，结合图层蒙版限定其显示效果。

　　步骤 02　添加山峦图像素材，运用剪贴蒙版单独调整其色相和饱和度，应用图层蒙版遮住部分图像。

　　步骤 03　在海报顶部添加国学文字图像素材，在其下方添加人物剪影图像素材，运用剪贴蒙版叠加渐变的棕色。

步骤 04　添加电影名称素材，运用剪贴蒙版叠加从黄色到白色的渐变色。

步骤 05　在底部绘制箭头形状，并使用文字工具输入上映信息，保存文件。

实训2　设计婚纱网站首页

实训目标

某婚纱摄影公司需要制作官方网站首页，以改善用户浏览网站时的体验。同时，为了宣传新品婚纱，需要将模特身穿新品婚纱的图像展示在网站首页中，以吸引用户目光的注意力。设计师在设计网站首页时，可结合婚纱相关的素材，突出婚纱高贵典雅的特点。婚纱网站首页参考效果如图 7-37 所示。

图7-37　婚纱网站首页参考效果

【素材位置】配套资源：\ 素材文件 \ 第 7 章 \ 婚纱摄影 .jpg、网页背景 .psd

【效果位置】配套资源：\ 效果文件 \ 第 7 章 \ 婚纱网站首页 .psd

实训思路

步骤 01　在 Photoshop 中应用通道抠取婚纱的半透明部分，再结合画笔工具和蒙版抠取完整的婚纱人物图像；或直接使用 AIGC 工具抠图。

步骤 02　在 Photoshop 中打开网页背景素材，添加抠取的婚纱人物图像，运用调色命令适当提高背景的亮度。

步骤 03　使用文字工具输入网页菜单栏文字、宣传文字、交互文字，使用矩形工具绘制圆角矩形，并添加图层样式，制作出交互按钮的立体效果，保存文件。

课后练习

练习1　设计具有撕纸效果的DM单

某饮品店需要宣传夏日特色饮品，现需制作具有撕纸效果的 DM（Direct Mail Advertising，直邮广告）单，要求DM单具有较强的吸引力，突出特色饮品，风格清爽，视觉效果美观大方，尺寸为"30厘米×40厘米"，参考效果如图7-38所示。

【素材位置】配套资源:\素材文件\第7章\"DM单素材"文件夹

【效果位置】配套资源:\效果文件\第7章\具有撕纸效果的DM单.psd

职业素养

DM单是区别于传统广告刊载媒体的新型广告发布形式，一般免费赠送给大众阅读，其形式多样，信件、订货单、宣传单和折价券等都属于DM单。通常，DM单旨在吸引潜在消费人群的目光，应重点突出宣传对象的用途、功能或优势等内容。

图7-38　撕纸效果的DM单参考效果

练习2　设计公益灯箱广告图

某公益组织需制作一张以"减少水污染"为主题的公益灯箱广告图，用于在街道、公交站和地铁站台进行宣传。要求广告图尺寸为"30厘米×50厘米"，整体风格简洁、直观，制作时可以使用AIGC工具生成创意文案和公益图像，参考效果如图7-39所示。

【素材位置】配套资源:\素材文件\第7章\公益素材.psd

【效果位置】配套资源:\效果文件\第7章\公益灯箱广告图.psd

图7-39　公益灯箱广告图参考效果

第 **8** 章

应用滤镜

本章导读

在设计作品中运用滤镜，不仅能够提升作品的视觉冲击力、表现力和创意性，更有助于设计师准确地传达信息、表达情感。使用Photoshop的滤镜功能可以为图像制作丰富的特殊效果，且使用方法也较为简单。

学习目标

1. 掌握滤镜库和各独立滤镜的使用方法。
2. 掌握滤镜组的使用方法。
3. 能够应用 AIGC 工具生成风格化图像。

案例展示

1. 你第一次接触滤镜是在社交媒体的照片编辑界面中，还是在专业图像处理软件中？

2. 借助 AIGC 工具了解 Photoshop 中的滤镜及其主要作用。

3. 下列设计作品中均包含了具有特殊效果的图像。滤镜能够将普通的图像转变为具有特殊效果或风格独特的艺术作品，如水墨效果、油画效果、水彩效果、动漫效果、酸性风格、磨玻璃风格、赛博朋克风格等，请上网搜索流行的特殊效果和风格，思考如何结合滤镜来实现。

8.1 独立滤镜

在 Photoshop 中，独立滤镜指能够实现特定类型的处理或校正的滤镜，可使复杂的特效制作变得更为简单高效。

8.1.1 滤镜库

使用滤镜库可以在同一个对话框中添加并调整一个或多个滤镜，从而实现多种效果。选择【滤镜】/【滤镜库】命令，打开"滤镜库"对话框，如图 8-1 所示，在滤镜组列表中选择所需滤镜，并设置对应的参数，便可完成滤镜的添加。除此之外，每个滤镜可被看作是一个滤镜效果图层，可以对它们进行复制、删除或隐藏等操作，从而得到效果更加丰富的特殊图像。

滤镜库中的滤镜按照效果被分为 6 种类型，各类型的作用如下。

- 风格化：用于生成印象派风格绘画效果。
- 画笔描边：用于模拟不同画笔勾画图像时产生的效果。
- 扭曲：用于生成玻璃、海水和光照般的效果。
- 素描：用于生成不同类型的素描效果。
- 纹理：用于生成不同类型的纹理效果。
- 艺术效果：用于生成传统的手绘图像效果。

图8-1　"滤镜库"对话框

8.1.2　课堂案例：制作玻璃效果的App登录页

旅行说 App 需要设计登录页，方便用户注册和登录 App，要求在设计中采用美观清新的风景图作为背景，可使用 AIGC 工具自定义生成风景图，然后在 Photoshop 中制作玻璃效果。App 登录页的尺寸为"750 像素 × 1624 像素"，界面要简洁，方便用户输入登录信息。具体操作如下。

步骤 01　进入即梦 AI 网站首页，在左侧"AI 创作"栏中单击"图片生成"选项卡，输入提示词"田园风光，夏季，蓝天和云彩，阳光灿烂的乡村景色，村庄，盛开的彩色花朵，连绵起伏的绿色田野和山丘，宁静的山谷，丰富多彩，阳光灿烂，风景秀丽，动漫风格，吉卜力、宫崎骏风格"，设置参数如图 8-2 所示，单击 立即生成 ◎1 按钮。

步骤 02　在生成的图像中选择一张满意的图像下载（配套资源:\效果文件\第 8 章\风景图 .jpg），打开 Photoshop，新建名称、宽度、高度、分辨率分别为"玻璃效果的 App 登录页""750 像素""1624 像素""72 像素 / 英寸"的文件，置入下载好的风景图，如图 8-3 所示。

步骤 03　选择"矩形工具"，设置填充为"白色"，描边为"无颜色"，圆角半径为"100 像素"，在画面中央绘制一个圆角矩形，复制风景图图层至圆角矩形图层的上方，按【Ctrl+Alt+G】组合键创建剪贴蒙版。

步骤 04　选择圆角矩形图层，选择【图层】/【图层样式】/【内发光】命令，打开"图层样式"对话框，设置混合模式、不透明度、内发光颜色、阻塞、大小分别为"正常""100%""白色""0""128"；单击选中"外发光"复选框，设置混合模式、不透明度、外发光颜色、扩展、大小分别为"滤色""71%""白色""5""59"，单击 确定 按钮，效果如图 8-4 所示。

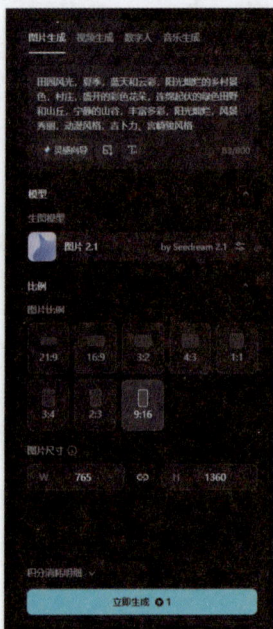

图8-2 生成风景图的参数

图8-3 置入下载好的风景图

图8-4 发光效果

步骤 05 选择作为剪贴蒙版的风景图图层，选择【滤镜】/【滤镜库】命令，打开"滤镜库"对话框，在"画笔描边"滤镜组中选择"喷溅"滤镜，设置喷溅半径、平滑度分别为"10""5"。单击"滤镜库"对话框右下方的⊞按钮，增加一个滤镜效果图层，在"扭曲"滤镜组中选择"玻璃"滤镜，设置扭曲度、平滑度、纹理、缩放分别为"5""3""块状""200%"。再次单击⊞按钮增加一个滤镜效果图层，在"扭曲"滤镜组中选择"海洋波纹"滤镜，滤镜参数设置如图 8-5 所示，在左侧可预览滤镜效果，单击 确定 按钮应用滤镜。

步骤 06 打开"登录页信息 .psd"文件（配套资源 :\ 素材文件 \ 第 8 章 \ 登录页信息 .psd），将其中的所有内容添加到登录页中进行布局，最终效果如图 8-6 所示，最后保存文件（配套资源 :\ 效果文件 \ 第 8 章 \ 玻璃效果的 App 登录页 .psd）。

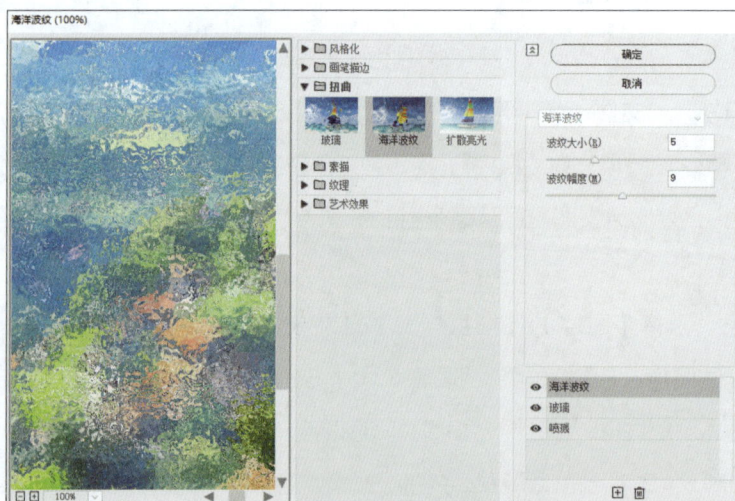

图8-5 "海洋波纹"滤镜参数设置

图8-6 玻璃效果的App登录页

8.1.3　Neural Filters

"Neural Filters"滤镜又叫"AI 神经网络"滤镜，其基于人工智能和机器学习技术，使用神经网络模型实现各种图像处理效果，包括面部编辑、人像增强、风格转移等。选择【滤镜】/【Neural Filters】命令，打开"Neural Filters"对话框，如图 8-7 所示，在对话框左侧的"所有筛选器"选项卡中选择要调整的滤镜样式，当滤镜样式右侧的图标呈 ⬤ 形态时表示已启用该滤镜（若是初次使用，滤镜样式旁边会显示云图标 ☁，表示需要先下载该滤镜样式才能使用），在对话框右侧可通过设置滤镜参数来调整滤镜效果，完成后单击 确定 按钮。

图8-7　"Neural Filters"对话框

资源链接："Neural Filters"对话框详解

8.1.4　课堂案例：为老照片着色并修复细节

老照片因年代久远而泛黄且细节模糊，设计师可借助 Photoshop 中的"Neural Filters"滤镜为老照片着色并修复细节。要求保留老照片原始风貌，还原自然色彩，去除噪点和斑驳印记，提升清晰度和细节效果。具体操作如下。

微课视频

为老照片着色并修复细节

步骤 01　打开"老照片 .jpg"文件（配套资源:\素材文件\第 8 章\老照片 .jpg ），如图 8-8 所示，发现其存在噪点、斑驳印记、划痕、细节不清晰等问题，且为黑白效果。

步骤 02　选择【滤镜】/【Neural Filters】命令，打开"Neural Filters"对话框，在左侧"颜色"栏中启用"着色"滤镜，在右侧设置饱和度、降噪分别为"+11""11"，其他参数均为"0"，效果如图 8-9 所示。

步骤 03　在"恢复"栏中启用"照片恢复"滤镜，设置照片增强、面部增强、减少划痕分别为"76""77""100"，改善照片质感和面部细节，效果如图 8-10 所示。

步骤 04　单击"调整"栏前的 ❯ 按钮展开该栏，在其中设置降噪、杂色减少、半色调伪影消除、JPEG 伪影消除分别为"11""100""13""100"，以修复细节，效果如图 8-11 所示。

图8-8　打开"老照片.jpg"文件

图8-9　着色效果

图8-10　改善照片质感和面部细节

图8-11　修复细节

步骤 05　在对话框底部的"输出"下拉列表中选择"智能滤镜"选项，单击 确定 按钮，最后保存文件（配套资源 :\ 效果文件 \ 第 8 章 \ 为老照片着色并修复细节 .psd）。

📑 技巧经验

　　若要在保持原图像外观不变的情况下添加滤镜，可使用智能滤镜来完成。智能滤镜是非破坏性的滤镜，应用智能滤镜后，可以轻松还原应用滤镜前的图像效果，以及随时更改滤镜参数、影响范围等。选择【滤镜】/【转换为智能滤镜】命令，可将所选图层转化为智能对象，之后图层缩略图右下角将出现一个 🔲 图标，然后添加的滤镜就会变为智能滤镜。智能滤镜图层如图 8-12 所示。

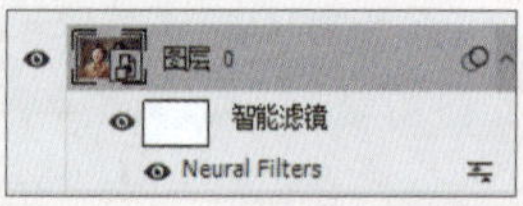

图8-12　智能滤镜图层

　　在"图层"面板中双击"智能滤镜"子图层下对应智能滤镜右侧的 ☰ 图标，可打开相应滤镜的对话框，以便更改滤镜参数。单击"智能滤镜"子图层左侧的 ◉ 按钮，可隐藏所有的智能滤镜；单击某单个智能滤镜前的 ◉ 按钮，可只隐藏该滤镜。"智能滤镜"名称左侧有一个图层蒙版缩略图，单击该缩略图后可在图像编辑区中编辑该蒙版，可以设置智能滤镜在图像中的影响范围，该蒙版会作用于该图层中的所有智能滤镜。

AIGC 应用　修复老照片并着色

　　AIGC工具可以通过大量训练，学习老照片修复的规律和方法，从而自动分析老照片中的缺陷，如划痕、褪色、模糊等，然后智能地进行修复。此外，AIGC工具还能学习人们对照片的上色喜好和规律，自动为黑白照片上色。

操作方法：上传需修复并着色的老照片，选择修复或着色（上色）选项，AIGC工具会自动进行处理。

示例：

上传图片：素材文件＼第8章＼老照片.jpg	平台：腾讯 ARC Lab 模式：人像修复 模型选择：V1.3 生成结果：效果文件＼第8章＼AI老照片修复.jpg	平台：Midjourney 中文站 模式：工具箱＞黑白照片上色 修复模型：照片上色 生成结果：效果文件＼第8章＼AI老照片上色.jpg

8.1.5 液化

利用"液化"滤镜可以对图像的任意部分进行各种变形处理，如收缩、膨胀、旋转等。这一滤镜常用于处理人物面部和身材。选择【滤镜】/【液化】命令，打开"液化"对话框，如图8-13所示。在左侧选择对应的工具，在右侧设置相关参数后，在中间的图像预览区中拖曳图像，便可进行液化处理。

图8-13 "液化"对话框

资源链接：
"液化"对话框主要选项详解

8.1.6 课堂案例：美化人像

人像摄影后期处理通常针对人物的肌肤质感、面部轮廓、五官细节，以及身形、身高、牙齿、头发等方面进行美化，可以借助 Photoshop 中的"液化"滤镜和"Neural Filters"滤镜，自动识别照片中的人物特征，并进行精细化的调整，达

微课视频

美化人像

到修饰面部，提高皮肤细腻度，去除瑕疵，保持皮肤的自然光泽和纹理，使照片更加美观自然的效果。
具体操作如下。

步骤 01　打开"人像 .jpg"文件（配套资源 :\素材文件 \ 第 8 章 \ 人像 .jpg），如图 8-14 所示，
发现人物存在皮肤不够平滑、毛孔和色斑明显、表情僵硬等问题。

步骤 02　选择【滤镜】/【液化】命令，打开"液化"对话框，在对话框左侧选择"脸部工具" 后，Photoshop 会自动识别出脸部（以白色曲线框出）。在右侧依次展开"人脸识别液化""眼睛"
栏，设置两只眼睛的大小均为"8"，眼睛距离为"-26"；展开"鼻子"栏，设置鼻子高度、鼻子宽
度分别为"36""-38"；展开"嘴唇"栏，设置微笑、上嘴唇、下嘴唇、嘴唇宽度、嘴唇高度分别为
"38""19""13""37""-32"；展开"脸部形状"栏，设置前额、脸部宽度分别为"-30""-22"，
通过调整五官和脸型改变表情，效果如图 8-15 所示。

步骤 03　在"液化"对话框左侧选择"向前变形工具" ，然后在右侧的"画笔工具选项"栏
中设置大小为"100"，其他保持默认设置，使用该工具在人物的颧骨、右下颌等外凸的区域按住
鼠标左键不放，向内侧推动脸部轮廓，再适当向上推动眉毛，如图 8-16 所示，单击 确定
按钮。

| 图8-14　打开素材 | 图8-15　调整五官和脸型改变表情 | 图8-16　调整脸部轮廓和眉毛 |

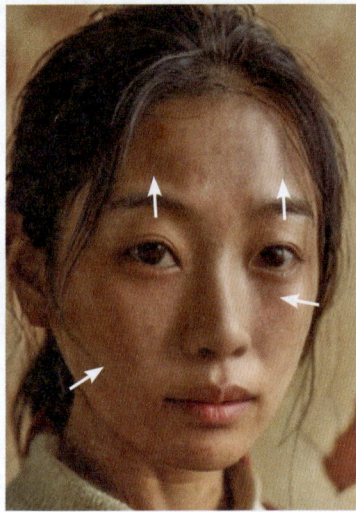

步骤 04　选择【滤镜】/【Neural Filters】命令，打开"Neural Filters"对话框，在左侧"人像"
栏中启用"皮肤平滑度"滤镜，在右侧设置模糊、平滑度分别为"50""+50"，效果如图 8-17 所示。

步骤 05　在"恢复"栏中启用"照片恢复"滤镜，在其中设置照片增强、增强脸部、降噪分别
为"23""44""11"，进一步优化皮肤质感，效果如图 8-18 所示。

步骤 06　在对话框底部的"输出"下拉列表中选择"智能滤镜"选项，单击 确定 按钮。按
【Ctrl+J】组合键复制图层，在新图层上单击鼠标右键，在弹出的快捷菜单中选择"栅格化图层"
命令。

步骤 07　在工具箱中选择"移除工具" ，在人物较为明显的颈纹上和衣领褶皱上涂抹，将其
去除，效果如图 8-19 所示，最后保存文件（配套资源 :\效果文件 \ 第 8 章 \ 美化人像 .psd）。

图8-17 平滑皮肤　　　　图8-18 进一步优化皮肤质感　　　　图8-19 去除颈纹和衣领褶皱

职业素养

　　人像摄影后期处理是一项细腻且富有创造性的工作，旨在通过技术手段提升人像的整体美感。在处理人像时，设计师应注重细节，如皮肤纹理、光影和背景效果等，使照片看起来更加真实、细腻，还可以利用Photoshop中的修复画笔、液化等功能，优化人物形态，提升整体质感。需要注意的是：在进行人像摄影后期处理时应尽量保持人像的自然状态，避免过度处理导致失真；在进行任何操作之前，务必备份原图，这样可以在人像摄影后期处理过程中随时回溯到原始状态，避免因误操作导致数据丢失。

8.1.7 Camera Raw

　　利用"Camera Raw"滤镜可以调整图像的颜色、色温、色调、曝光、对比度、高光、阴影、白色、黑色、纹理、清晰度、自然饱和度、饱和度等，还可以修复图像、去除红眼等。选择【滤镜】/【Camera Raw 滤镜】命令，打开"Camera Raw"对话框，如图 8-20 所示，在该对话框中对图像进行调整，然后单击 确定 按钮。

图8-20 "Camera Raw"对话框

8.1.8　课堂案例：优化风景照片

使用"Camera Raw"滤镜优化一张曝光不足的风景照片，要求去除照片中的暗角，使天空更明亮、清晰，色彩更饱满，并在不影响其他色彩的情况下将黄色的草地调整为绿色。具体操作如下。

微课视频

优化风景照片

步骤 01　打开"风景 .jpg"文件（配套资源 :\ 素材文件 \ 第 8 章 \ 风景 .jpg），先选择【滤镜】/【转换为智能滤镜】命令，然后选择【滤镜】/【Camera Raw 滤镜】命令，打开"Camera Raw"对话框，在下方单击■按钮，在弹出的列表中选择"原图 / 效果图 左 / 右"选项，调整为原图与效果图左右并列的视图，方便预览效果。

步骤 02　展开"亮"栏，设置曝光为"+0.55"，提高亮度。展开"效果"栏，设置去除薄雾、晕影分别为"+28""+26"，去除天空中云层的薄雾和照片四角的暗影。展开"混色器"栏，单击"色相"选项卡，设置橙色、黄色分别为"+40""+51"，将草原的色相调整为绿色；单击"饱和度"选项卡，设置橙色、黄色、蓝色、紫色分别为"+30""+92""+100""+2"，提高相应颜色的饱和度，对比效果如图 8-21 所示。

步骤 03　此时照片虽得到了优化，但出现了山峦变蓝、羊群变绿的问题，且天空还不够蓝，因此可在"Camera Raw"对话框右侧单击"蒙版"按钮◉，然后在工具面板中单击"创建新蒙版"按钮⊕，在弹出的列表中选择"画笔"选项，设置画笔大小、羽化分别为"7""15"，然后在山峦上涂抹，使其叠加红色蒙版，如图 8-22 所示，再在工具面板中设置蒙版区域的色调、色相、饱和度分别为"-55""-5.9""-10"。

步骤 04　单击"创建新蒙版"按钮⊕，在弹出的列表中选择"线性渐变"选项，在天空顶部按住鼠标左键向下拖曳，绘制线性渐变范围，如图 8-23 所示。在工具面板中单击"颜色"色块，设置色相、饱和度分别为"192""100"，单击（确定）按钮完成对线性渐变颜色的设置。

图8-21　对比效果　　　　图8-22　叠加红色蒙版　　图8-23　绘制线性渐变范围

步骤 05　单击"创建新蒙版"按钮⊕，在弹出的列表中选择"选择对象"选项，在工具面板中单击"矩形选择"按钮▣，框选图中最右侧的两只羊，如图 8-24 所示。Photoshop 将自动识别对象，以菱形标记并形成蒙版，如图 8-25 所示，再在工具面板中设置色相为"-12.5"，还原羊本身的色彩。

步骤 06　使用与步骤 05 相同的方法，处理其他羊的色彩，如图 8-26 所示，完成后单击（确定）按钮，最终效果如图 8-27 所示，最后保存文件（配套资源 :\ 效果文件 \ 第 8 章 \ 风景 .psd）。

图8-24　框选羊

图8-25　以菱形标记并形成蒙版

图8-26　处理其他羊的色彩

图8-27　最终效果

8.1.9　自适应广角

若想制作具有视觉冲击力的特殊效果，如增强图像的透视关系，可使用"自适应广角"滤镜来处理图像。利用"自适应广角"滤镜，可校正由于使用广角镜头而造成的图像扭曲，包括调整图像的透视、球面化和鱼眼效果等，使图像产生类似使用不同镜头拍摄的效果。选择【滤镜】/【自适应广角】命令，打开"自适应广角"对话框，如图 8-28 所示。在该对话框左侧选择"约束工具" ，通过鼠标在图像上单击或拖曳，可设置线性约束；选择"多边形约束工具" ，可设置多边形约束。而右侧的"校正"下拉列表用于选择校正的类型，"缩放"参数用于设置图像的缩放情况，"焦距"参数用于设置图像的焦距情况，"裁剪因子"参数用于确定裁剪的最终图像。在修正一些用广角镜头拍摄的照片时，"裁剪因子"会与"缩放"配合使用，以修补应用滤镜时出现的空白区域。

图8-28　"自适应广角"对话框

8.1.10　镜头校正

使用相机拍摄照片时，一些外在因素可能造成几何扭曲、色差、晕影等问题，这时可通过"镜头校正"滤镜校正图像。选择【滤镜】/【镜头校正】命令，打开"镜头校正"对话框，如图 8-29 所示，可在其中设置校正参数。在该对话框左侧选择"移去扭曲工具" ，在中间区域通过鼠标拖曳图像可校正镜头的几何扭曲；选择"拉直工具" ，在中间区域拖曳鼠标指针绘制一条直线，可以将图像调整至与新的横轴或纵轴对齐；选择"移动网格工具" ，可通过鼠标拖曳来移动网格，使网格和图像对齐。

图8-29　"镜头校正"对话框

8.1.11　消失点

当图像中包含建筑侧面、墙壁、地面等透视平面，且出现透视错误时，可以使用"消失点"滤镜来校正图像。选择【滤镜】/【消失点】命令，可打开图 8-30 所示的"消失点"对话框，对话框左侧的工具可用于创建与编辑透视平面、变换图像、测量对象大小、调整图像预览窗口等。

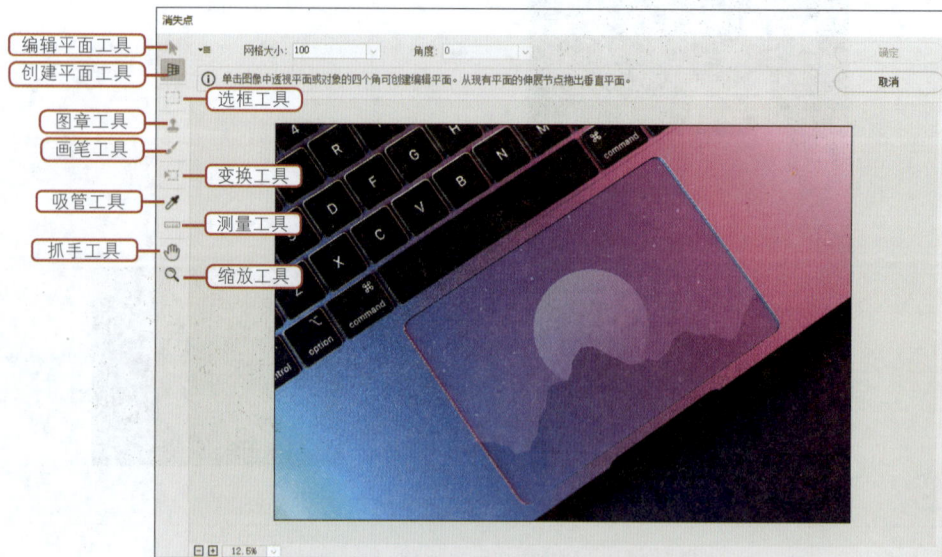

图8-30　"消失点"对话框

资源链接：
"消失点"对话框
主要选项详解

8.1.12　课堂案例：在透视空间中修复和替换图像

在透视空间中去除地板图像中的手机图像，并保持地板图像的纹理流畅、衔接连贯，然后替换笔记本电脑屏幕中的壁纸图像。具体操作如下。

步骤 01　打开"地板.jpg"文件（配套资源:\素材文件\第 8 章\地板.jpg），选择【滤镜】/【消失点】命令，打开"消失点"对话框，在该对话框左侧选择"创建平面工具" ，在图像上通过单击确定平面的 4 个角点，创建透视平面，如图 8-31 所示。一般情况下，透视平面应将需要编辑的图像区域覆盖。

步骤 02　在"消失点"对话框左侧选择"图章工具" ，在对话框顶部设置直径、硬度、不透明度分别为"320""50""100"，在"修复"下拉列表中选择"开"选项，单击选中"对齐"复选框。将鼠标指针移动到笔记本电脑左侧与手机图像相对应的木板图像上，按住【Alt】键单击进行取样，如图 8-32 所示。

步骤 03　在手机图像上单击并拖曳鼠标指针进行修复，Photoshop 会自动按照正确的透视角度匹配图像，然后单击 确定 按钮，效果如图 8-33 所示。

图8-31　创建透视平面　　　　图8-32　取样　　　　图8-33　修复效果

步骤 04　打开"壁纸.jpg"文件（配套资源:\素材文件\第 8 章\壁纸.jpg），按【Ctrl+A】组合键全选壁纸图像，再按【Ctrl+C】组合键复制壁纸图像。

步骤 05　切换到"地板.jpg"文件，选择【滤镜】/【消失点】命令，打开"消失点"对话框，使用"创建平面工具" 在图像中沿着屏幕四边创建网格，如图 8-34 所示。

步骤 06　按【Ctrl+V】组合键粘贴壁纸图像，使用"变换工具" 朝左上方拖曳壁纸图像右下角的控制点，将壁纸图像缩小至与笔记本电脑屏幕几乎相同的大小，如图 8-35 所示。

步骤 07　在"消失点"对话框左侧选择"选框工具" ，将粘贴的壁纸图像拖曳到网格中替换屏幕，如图 8-36 所示，完成后单击 确定 按钮，最终效果如图 8-37 所示，最后另存文件（配套资源:\效果文件\第 8 章\在透视空间中修复和替换图像.psd）。

图8-34　创建网格　　　图8-35　缩小壁纸图像　　　图8-36　替换屏幕　　　图8-37　最终效果

📖 **技巧经验**

若想快速调整"消失点"对话框中的预览画面，可按【Ctrl++】组合键放大预览窗口的图像显示比例；按
【Ctrl+-】组合键缩小预览窗口的图像显示比例；按住【空格】键不放并拖曳鼠标指针，可以移动画面。

8.2 滤镜组

除了独立滤镜，Photoshop 还提供了很多滤镜组，利用这些滤镜组，可以快速为图像制作特殊
效果。常见的滤镜组包括风格化、模糊、扭曲、锐化、渲染、像素化、杂色、其他等。

8.2.1 风格化

利用"风格化"滤镜组能对图像的像素进行位移、拼贴及反色等操作。选择【滤镜】/【风格化】
命令，弹出的子菜单中提供了9种滤镜，效果如图 8-38 所示。

- **查找边缘**：用于标识图像中有明显过渡的区域并强调边缘。与"等高线"滤镜一样，"查找边缘"
  滤镜在白色背景上用深色线条勾画图像的边缘，对于为图像边缘描边非常有用。
- **等高线**：可以按照指定的亮度阈值，用彩色线条勾勒出图像的边缘，创建一种类似等高线地图
  的效果。
- **风**：用于为图像添加刮风的效果，包括"风""大风""飓风"等效果。
- **浮雕效果**：用于将选区的填充色转换为灰色，并用原填充色描边，从而使选区显得凸起或凹陷。
- **扩散**：可根据所选的单选项搅乱选区中的像素，使选区模糊，有类似溶解的扩散效果，当对象
  是字体时，该效果呈现在边缘上。
- **拼贴**：用于将图像分解为一系列拼图（类似瓷砖方块），并使每个拼图都含有部分图像。
- **曝光过度**：用于混合正片和负片图像，形成在冲洗照片过程中将照片底片简单曝光的效果。
- **凸出**：用于将图像转化为三维立方体或锥体，以此来改变图像或生成特殊的三维背景效果。
- **油画**：用于为图像模拟油画效果。

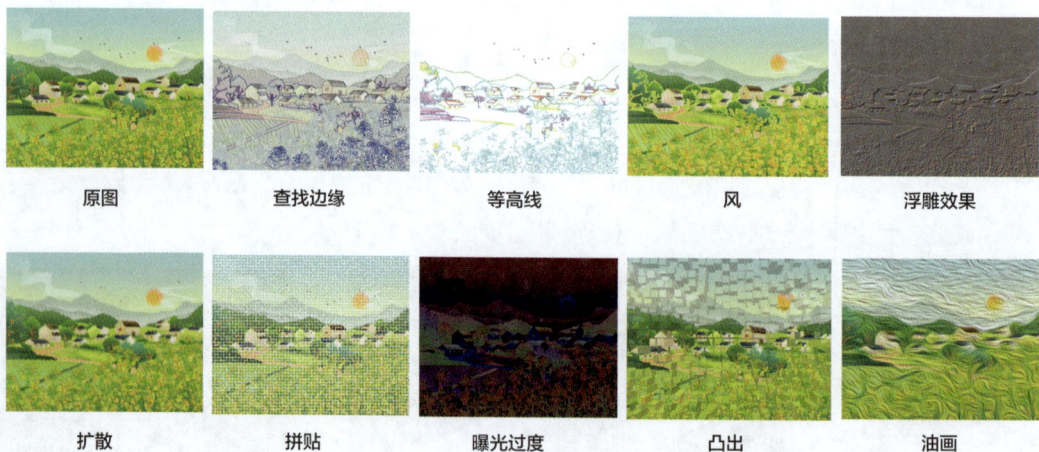

| 原图 | 查找边缘 | 等高线 | 风 | 浮雕效果 |

| 扩散 | 拼贴 | 曝光过度 | 凸出 | 油画 |

图8-38 "风格化"滤镜组效果

8.2.2 模糊

"模糊"滤镜组主要通过降低图像中相邻像素的对比度，使相邻像素产生平滑过渡的效果。选择【滤镜】/【模糊】命令，弹出的子菜单中提供了 11 种滤镜。其中部分滤镜的效果如图 8-39 所示。

- 表面模糊：在模糊图像时可保留图像边缘，用于制作特殊效果及去除图像中的杂点和颗粒。
- 动感模糊：用于对图像中某一方向上的像素进行线性位移来产生运动的模糊效果。
- 方框模糊：用于以邻近像素的平均颜色值为基准值模糊图像。
- 高斯模糊：可根据高斯曲线选择性地模糊图像，以产生强烈的模糊效果，是比较常用的模糊滤镜。"高斯模糊"对话框中的"半径"值越大，模糊效果越明显。
- 进一步模糊：用于使图像产生一定程度的模糊效果。
- 径向模糊：用于使图像产生旋转或放射状的模糊效果。
- 镜头模糊：用于使图像模拟摄像时镜头抖动产生的模糊效果。
- 模糊：通过对图像边缘过于清晰的颜色进行模糊处理来制作模糊效果。该滤镜无参数设置对话框，使用一次该滤镜，模糊效果会不太明显，可多次使用该滤镜，以增强模糊效果。
- 平均：通过找出整个图像或特定选区的平均颜色，并使用这一颜色填充整个图像或选区。
- 特殊模糊：通过找出图像的边缘及模糊边缘以内的区域来产生边界清晰、中心模糊的效果。
- 形状模糊：用于使图像按照某一指定的形状作为模糊中心进行模糊。在"形状模糊"对话框下方选择一种形状后，调整"半径"值可以改变该形状的大小，数值越大，该形状越大，模糊效果越强。

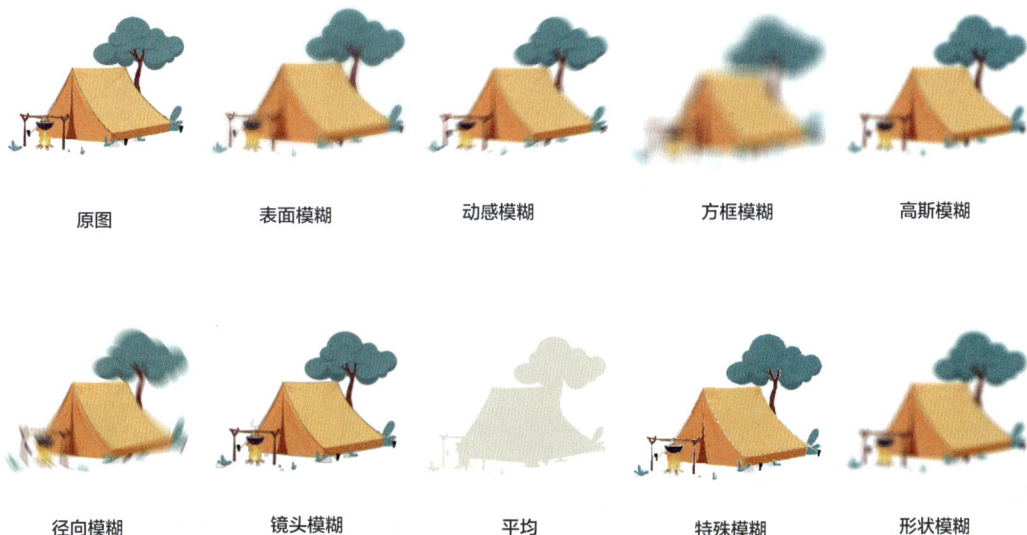

| 原图 | 表面模糊 | 动感模糊 | 方框模糊 | 高斯模糊 |

| 径向模糊 | 镜头模糊 | 平均 | 特殊模糊 | 形状模糊 |

图8-39 "模糊"滤镜组的部分滤镜效果

8.2.3　课堂案例：设计动感汽车广告

微课视频

设计动感汽车
广告

翼速汽车品牌准备推广一款适合旅行的汽车，现需要借助 Photoshop 设计一则广告，要求广告突出汽车的动感与速度感，展现汽车的车身与强劲动力。具体操作如下。

步骤 01　打开"汽车 .jpg"文件（配套资源 :\ 素材文件 \ 第 8 章 \ 汽车 .jpg），在上下文任务栏中单击 选择主体 按钮，Photoshop 将自动为汽车创建选区，按【Ctrl+J】组合键，可将汽车复制到新图层上，然后隐藏该图层。

步骤 02　复制"背景"图层，得到"背景 拷贝"图层，按住【Ctrl】键不放，单击汽车所在图层的图层缩略图，载入汽车选区，使用"移除工具" 涂抹整个汽车，如图 8-40 所示，Photoshop 会自动移除汽车，并根据周围像素填充选区，按【Ctrl+D】组合键取消选区，效果如图 8-41 所示。

步骤 03　选择【滤镜】/【风格化】/【风】命令，打开"风"对话框，设置方法为"风"，方向为"从左"，如图 8-42 所示，单击 确定 按钮。

图8-40　涂抹整个汽车

图8-41　移除效果

图8-42　在"风"对话框中设置参数

步骤 04　选择【滤镜】/【模糊】/【动感模糊】命令，打开"动感模糊"对话框，设置角度为"5 度"（模糊角度需与道路的透视角度一致，以确保模糊方向与道路平行），距离为"80 像素"，单击 确定 按钮，制作出汽车飞速行驶时的动感模糊效果，如图 8-43 所示。

步骤 05　单击"添加图层蒙版"按钮 ，使用柔边圆的"橡皮擦工具" 擦除图像顶部区域，使远处的山峰、天空风景图像得以正常展现，如图 8-44 所示。

步骤 06　显示汽车所在图层，使用"椭圆选框工具" 为汽车前轮创建选区，如图 8-45 所示，按【Ctrl+J】组合键复制选区内容到新图层上。在新图层上单击鼠标右键，在弹出的快捷菜单中选择"转换为智能对象"命令。

图8-43　动感模糊效果

图8-44　添加与编辑图层蒙版

图8-45　为汽车前轮创建选区

步骤 07 双击智能对象图层的缩略图，进入智能对象编辑窗口，选择【滤镜】/【模糊】/【径向模糊】命令，设置数量、模糊方法、品质分别为"80""旋转""最好"，单击 确定 按钮，效果如图 8-46 所示。按【Ctrl+S】组合键存储对智能对象的编辑，返回"汽车"文件窗口。

📋 **知识补充**

"模糊画廊"滤镜组中的"路径模糊"滤镜也可以实现"动感模糊"滤镜的效果，即沿路径朝向模糊。"模糊画廊"滤镜组中的"旋转模糊"滤镜则可以实现"径向模糊"滤镜的效果，即图像围绕圆心进行径向旋转模糊。

步骤 08 使用步骤 06、步骤 07 的方法，为汽车后轮制作飞速旋转的效果，如图 8-47 所示。

步骤 09 置入"标志 .png"文件（配套资源 :\ 素材文件 \ 第 8 章 \ 标志 .png），并将其放置到图像左上角。使用"横排文字工具" T.在画面中央输入品牌英文名"ESPEED"，将文字图层移动到汽车所在图层下方，再将文字图层转换为智能对象，选择【编辑】/【变换】/【扭曲】命令，按照透视方向扭曲文字，如图 8-48 所示。

图8-46 径向模糊　　图8-47 为汽车后轮制作飞速旋转的效果　　图8-48 扭曲文字

步骤 10 复制文字图层，选择下方的原文字图层，选择【滤镜】/【风格化】/【风】命令，打开"风"对话框，设置方法为"大风"，方向为"从左"，单击 确定 按钮，然后设置该图层不透明度为"70%"，将文字向右略微移动，形成错位效果。

步骤 11 在"图层"面板最上方创建"曲线"调整图层，向上拖曳曲线，如图 8-49 所示，适当提高图像亮度，最终效果如图 8-50 所示，最后保存文件（配套资源 :\ 效果文件 \ 第 8 章 \ 动感汽车广告 .psd）。

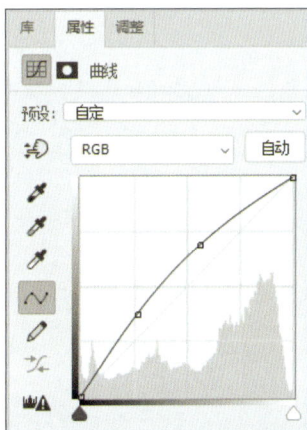

图8-49 向上拖曳曲线　　　　　图8-50 动感汽车广告最终效果

8.2.4 扭曲

"扭曲"滤镜组主要用于扭曲、变形图像。选择【滤镜】/【扭曲】命令，弹出的子菜单中提供了9种滤镜。其中，部分滤镜的效果如图 8-51 所示。

- **波浪**：用于使图像产生波浪扭曲的效果。
- **波纹**：用于使图像产生类似水波纹的效果。
- **极坐标**：用于将图像的坐标从平面坐标转换为极坐标，或从极坐标转换为平面坐标。
- **挤压**：用于使图像的中心产生凸起或凹陷的效果。
- **切变**：用于控制指定的点来弯曲图像。
- **球面化**：用于使选区中心的图像产生凸起或凹陷的球体效果，类似"挤压"滤镜的效果。
- **水波**：用于使图像产生同心圆状的波纹效果。
- **旋转扭曲**：用于使图像产生旋转扭曲的效果。
- **置换**：用于使图像产生弯曲、碎裂的效果。该滤镜比较特殊的地方在于，参数设置完毕后，还需要选择一个图像文件作为位移图，滤镜将根据位移图上的颜色值移动图像像素。

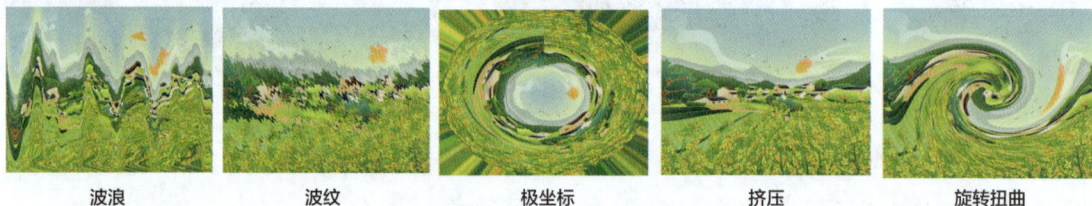

| 波浪 | 波纹 | 极坐标 | 挤压 | 旋转扭曲 |

图8-51　"扭曲"滤镜组中部分滤镜的效果

8.2.5 锐化

"锐化"滤镜组可以使图像更清晰，一般用于调整模糊的图像，但使用过度会造成图像失真。选择【滤镜】/【锐化】命令，弹出的子菜单中提供了6种滤镜。

- **USM 锐化**：用于在图像边缘的两侧分别添加一条明线或暗线来调整边缘细节的对比度，从而使图像边缘更明显。
- **防抖**：可以有效减少因相机抖动产生的图像模糊。
- **进一步锐化**：用于提高像素之间的对比度，使图像变得清晰，但锐化效果比较微弱。
- **锐化**："锐化"滤镜和"进一步锐化"滤镜类似，都通过提高像素之间的对比度来提高图像的清晰度，但"锐化"滤镜的效果比"进一步锐化"滤镜的效果明显。
- **锐化边缘**：用于锐化图像的边缘，并保留图像整体的平滑度。
- **智能锐化**：用于设置锐化算法，可以控制阴影和高光区域的锐化量。

8.2.6　渲染

模拟不同的光源下不同的光线照明效果时，可以使用"渲染"滤镜组。选择【滤镜】/【渲染】命令，弹出的子菜单中提供了5种滤镜，效果如图8-52所示。

- **分层云彩**：产生的效果与原图像的颜色有关，会在图像中添加一种分层云彩效果，该滤镜无参数设置对话框。
- **光照效果**：可根据光源、光色、物体的反射特性等设置产生光照效果。
- **镜头光晕**：可以模拟使用不同镜头产生的眩光效果。
- **纤维**：可根据当前设置的前景色和背景色产生一种纤维效果。
- **云彩**：可通过在前景色和背景色之间随机地抽取像素并完全覆盖图像，从而产生类似云彩的效果。

分层云彩　　　　光照效果　　　　镜头光晕　　　　纤维　　　　云彩

图8-52　"渲染"滤镜组的效果

8.2.7　像素化

"像素化"滤镜组主要将图像中颜色相似的像素转化成单元格，使图像分块或平面化，用于提升图像质感，使图像的纹理更加明显。选择【滤镜】/【像素化】命令，弹出的子菜单中提供了7种滤镜。其中，部分滤镜的效果如图8-53所示。

- **彩块化**：用于使图像中纯色或相似颜色凝结为彩色块，从而产生类似宝石画般的效果。
- **彩色半调**：用于模拟在图像的每个颜色通道上应用半调网屏的效果。
- **点状化**：用于在图像中随机产生彩色斑点，点与点之间的空隙用背景色填充。"点状化"对话框中的"单元格大小"数值框用于设置点状网格的大小。
- **晶格化**：用于使图像中颜色相近的像素集中到一个像素的多边形网格中，从而使图像更清晰。"晶格化"对话框中的"单元格大小"数值框用于设置多边形网格的大小。
- **马赛克**：用于把图像中具有相似颜色的像素统一合成更大的方块，从而产生类似马赛克的效果。"马赛克"对话框中的"单元格大小"数值框用于设置马赛克的大小。
- **碎片**：用于将图像的像素复制4次，然后复制的像素略微移动并降低不透明度，从而形成一种不聚焦的"四重视"效果。
- **铜版雕刻**：用于在图像中随机分布各种不规则的线条和虫孔斑点，从而产生镂刻的版画效果。"铜版雕刻"对话框中的"类型"下拉列表用于设置铜版雕刻的样式。

| 彩色半调 | 点状化 | 晶格化 | 马赛克 | 铜版雕刻 |

图8-53　"像素化"滤镜组中部分滤镜的效果

8.2.8　杂色

"杂色"滤镜组主要用于处理图像中的杂点。选择【滤镜】/【杂色】命令，弹出的子菜单中提供了5种滤镜。

- **减少杂色**：用来消除图像中的杂色。
- **蒙尘与划痕**：通过将图像中有缺陷的像素融入周围的像素中，达到除尘和涂抹的效果。打开"蒙尘与划痕"对话框，在其中可通过设置"半径"参数调整清除缺陷的范围；通过设置"阈值"参数，确定要进行像素处理的阈值，阈值越大，去杂效果越不明显。
- **去斑**：用于对图像或选区内的图像进行轻微的模糊化和柔化，从而掩饰图像中的细小斑点，消除轻微折痕，常用于去除照片中的斑点。
- **添加杂色**：用于在图像中随机添加混合杂点，与"减少杂色"滤镜作用相反。
- **中间值**：采用杂点和其周围像素的平均颜色来平滑图像中的区域。"中间值"对话框中的"半径"数值框用于设置中间值效果的平滑距离。

8.2.9　其他

"其他"滤镜组主要用于处理图像的某些细节。选择【滤镜】/【其他】命令，弹出的子菜单中提供了6种滤镜。其中，部分滤镜的效果如图8-54所示。

- **HSB/HSL**[①]：用于使图像在RGB、HSB、HSL模式中互相转换。
- **高反差保留**：用于删除图像中色彩变化较小的部分，保留色彩变化较大的部分，使图像的阴影消失而亮点突出。
- **位移**：可根据"位移"对话框中的设置来偏移图像，同时处理由于移动所留下的空白区域。
- **自定**：用于创建自定义的滤镜效果，如锐化、模糊和浮雕等。
- **最大值**：用于将图像中的亮区扩大，暗区缩小，产生较明亮的图像效果。
- **最小值**：用于将图像中的亮区缩小，暗区扩大，产生较阴暗的图像效果。

---

① HSB即色相、饱和度、明度，HSL即色相、饱和度、亮度。

高反差保留	位移	自定	最大值	最小值

图8-54 "其他"滤镜组中部分滤镜的效果

📧 知识补充

除了上述常用的滤镜组，Photoshop还提供"模糊画廊"滤镜组，利用该滤镜组，可以设置图像整体的模糊效果，改变视觉上的景深效果，制作散景效果、光斑效果、移轴摄影效果、摇镜头效果、高速旋转拍摄效果等；还提供"3D"滤镜组，该滤镜组用于制作3D模型的贴图，为3D模型增加细节，使3D模型的视觉效果更加逼真。

8.2.10 课堂案例：制作海浪纹理插画风格的电影海报

《深海》是一部动画电影，讲述了主角在海洋中的奇幻冒险故事。为了配合该电影的宣传，设计师现需使用Photoshop设计一款插画风格的电影海报，要求海报以蓝色为主色调，突出海洋元素，片名呈现效果具有创意，海报尺寸为"210毫米×297毫米"。具体操作如下。

微课视频

[QR code]

制作海浪纹理插画风格的电影海报

步骤01 新建名称、宽度、高度、分辨率分别为"海浪纹理""500像素""500像素""72像素/英寸"的文件。设置前景色为"#0097ff"，新建图层，为图像编辑区下半部分创建矩形选区并填充蓝白渐变色，如图8-55所示，隐藏"背景"图层。

步骤02 将图层转换为智能对象，选择【滤镜】/【扭曲】/【波纹】命令，打开"波纹"对话框，设置数量、大小分别为"999""中"，单击 确定 按钮。按【Ctrl+Alt+F】组合键再次应用该滤镜及其参数，效果如图8-56所示。

步骤03 选择【滤镜】/【扭曲】/【旋转扭曲】命令，打开"旋转扭曲"对话框，设置角度为"300度"，单击 确定 按钮，效果如图8-57所示，保存文件（配套资源:\效果文件\第8章\海浪纹理.psd）。

图8-55 渐变填充选区	图8-56 波纹效果	图8-57 旋转扭曲效果

步骤 04　复制并栅格化图层，新建名称、宽度、高度、分辨率分别为"电影海报""210毫米""297毫米""300像素/英寸"的文件，将背景填充为"#0097ff"，然后复制多个栅格化的海浪纹理到海报中，并调整其大小和位置，如图8-58所示。

步骤 05　选择"背景"图层，为上半部分创建矩形选区，设置前景色为"#0097ff"，背景色为"白色"，选择【滤镜】/【渲染】/【云彩】命令，效果如图8-59所示。

步骤 06　按【Shift+Ctrl+Alt+E】组合键盖印以上全部图层，选择【滤镜】/【滤镜库】命令，打开"滤镜库"对话框，在"艺术效果"滤镜组中选择"木刻"滤镜，设置色阶数、边缘简化度、边缘逼真度分别为"7""3""2"，单击 确定 按钮，效果如图8-60所示。

图8-58　复制海浪纹理并调整其大小和位置

图8-59　渲染云彩

图8-60　木刻效果

步骤 07　创建"色阶"调整图层，设置输入色阶分别为"40""1""255"。

步骤 08　使用"横排文字工具" T.在海报中央输入"深海"文字，设置字体、文字颜色分别为"方正华隶简体""0086ff"，复制文字图层，将其略微缩小，修改文字颜色为"白色"，如图8-61所示。

步骤 09　隐藏白色的文字图层，选中蓝色的文字图层，选择【滤镜】/【转换为智能滤镜】命令，再选择【滤镜】/【扭曲】/【波浪】命令，打开"波浪"对话框，设置"波浪"参数，如图8-62所示，单击 确定 按钮。选择【滤镜】/【扭曲】/【波纹】命令，打开"波纹"对话框，设置数量、大小分别为"999""大"，单击 确定 按钮，波浪和波纹效果如图8-63所示。

图8-61　添加文字

在"波浪"对话框中，"生成器数"参数用于设置产生的波浪的数目；"波长"参数用于设置从一个波浪到下一个波峰的距离；"波幅"参数用于设置波动幅度；"比例"参数用于调整水平和垂直方向的波动幅度；"类型"栏用于设置波动的类型；"未定义区域"栏用于设置图像边界不完整的空白区域的填充方式。

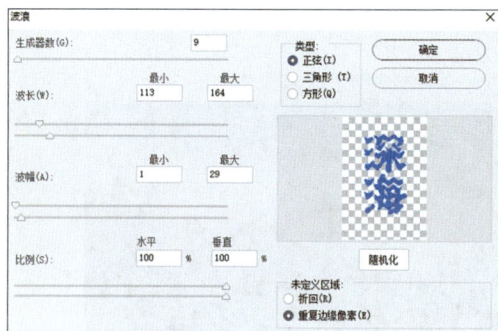

图8-62　设置"波浪"参数

图8-63　波浪和波纹效果

步骤 10　设置蓝色的文字图层的不透明度为"60%"，显示并选中白色的文字图层，选择【滤镜】/【转换为智能滤镜】命令，效果如图 8-64 所示。

步骤 11　选择【滤镜】/【扭曲】/【置换】命令，打开"置换"对话框，设置水平比例、垂直比例分别为"20""20"，单击选中"伸展以适合""重复边缘像素"单选项，单击选中"在智能对象中嵌入文件数据"复选框，单击 确定 按钮，将打开"选择一个置换图"对话框，在其中选择"置换海浪 .psd"文件（配套资源 :\ 素材文件 \ 第 8 章 \ 置换海浪 .psd），单击 打开(O) 按钮，为白色文字置换海洋效果，如图 8-65 所示。

步骤 12　打开"电影信息 .psd"文件（配套资源 :\ 素材文件 \ 第 8 章 \ 电影信息 .psd），将其中的文案添加到海报中并排版，最终效果如图 8-66 所示，最后保存文件（配套资源 :\ 效果文件 \ 第 8 章 \ 电影海报 .psd）。

图8-64　文字效果

图8-65　为白色文字置换海洋效果

图8-66　最终效果

165

课堂实训

实训1　将实景照片转化为动漫效果图

实训目标

　　某画册需要运用火车行驶的动漫效果图，为此需将实景照片转化为动漫效果图，要求视觉效果自然，动漫风格强烈，参考效果如图 8-67 所示。

图8-67　参考效果

　　【素材位置】配套资源:\素材文件\第8章\照片.jpg

　　【效果位置】配套资源:\效果文件\第8章\动漫效果图.psd

实训思路

　　步骤 01　应用 AIGC 工具生成动漫效果，或在 Photoshop 中打开素材，复制"背景"图层，应用"特殊模糊"滤镜和滤镜库中的"干画笔"滤镜制作初步的动漫效果。

　　步骤 02　复制"背景"图层，将复制后的图层置于"图层"面板顶层，应用滤镜库中的"绘画涂抹"滤镜，然后设置该图层的混合模式为"线性减淡（添加）"，不透明度为"40%"。

　　步骤 03　复制"背景"图层，将复制后的图层置于"图层"面板顶层，按【Shift+Ctrl+U】组合键去色。

　　步骤 04　复制步骤 03 所得的图层，设置该图层的混合模式为"线性减淡（添加）"，按【Ctrl+I】组合键反相图像，应用"最小值"滤镜制作动漫线描勾勒效果。

　　步骤 05　按【Ctrl+E】组合键向下合并图层，并设置该图层的混合模式为"正片叠底"，使图像的细节更加清晰，然后对图像适当调色，增大青色、洋红色的比例，提高亮度。

　　步骤 06　盖印所有可见图层，应用"镜头光晕"滤镜制作光照效果，然后适当提高图像饱和度，最后保存文件。

实训2 设计炫酷海报

实训目标

"探索宇宙"科技展览将展示最新的粒子物理研究成果与应用,为了吸引科技爱好者和专业人士前来参观,需要设计一张"45厘米×60厘米"的海报。要求海报画面通过粒子散射效果展现科技的炫酷与先进性,结合高饱和度色彩与动感线条,营造出科幻与未来感,整体风格需炫酷且不失专业感,同时需突出展览主题,参考效果如图8-68所示。

图8-68 炫酷海报参考效果

【效果位置】配套资源:\ 效果文件 \ 第8章 \ 星云.jpg、炫酷海报.psd

实训思路

步骤01 使用AIGC工具生成星云图像素材,制作明亮、闪耀、绚丽、颜色丰富的效果。

步骤02 在Photoshop中创建海报文件,添加星云图像作为背景,运用"凸出""油画""挤压"滤镜制作粒子散射效果。

步骤03 在海报四周输入文字,呈现展览信息,并为文字绘制装饰直线和装饰框。

步骤04 运用调整图层为整体效果调色,使其色彩更鲜明。

课后练习

练习1 为邀请函制作燃烧的火球特效

某公司即将举办"燃烧星球系列"科幻主题活动,现计划制作一份独特的邀请函。要求邀请函尺寸为"21厘米×11厘米",在邀请函中添加燃烧的火球特效,营造出强烈的视觉冲击效果,吸引参与者的目光并激发他们的兴趣。火球周围应有火焰缭绕，以增加层次感与真实感。可在滤镜库、"风格化"滤镜组、"模糊"滤镜组中选用合适的滤镜，并结合图层混合模式进行制作。邀请函中燃烧的火球特效参考效果如图8-69所示。

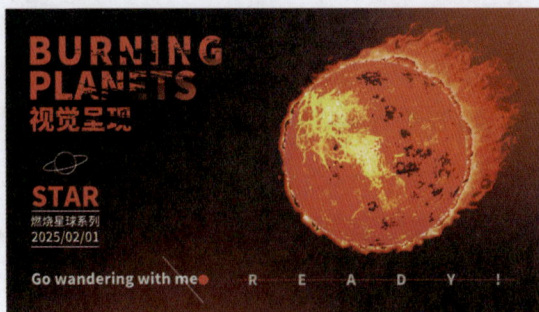

图8-69　邀请函中燃烧的火球特效参考效果

【素材位置】配套资源:\素材文件\第8章\红色星球.jpg、邀请函信息.psd

【效果位置】配套资源:\效果文件\第8章\星球燃烧效果.psd、邀请函.psd

练习2　制作有下雪效果的节气海报

在"雪景.jpg"图像的基础上制作一张"小雪"节气海报。要求使用滤镜模拟下雪效果，并搭配文案和装饰线条，或使用AIGC工具生成"小雪"节气背景图像，然后在Photoshop中制作有下雪效果的节气海报，参考效果如图8-70所示。

【素材位置】配套资源:\素材文件\第8章\雪景.jpg、节气.psd

【效果位置】配套资源:\效果文件\第8章\"小雪"节气海报.psd

图8-70　有下雪效果的节气海报参考效果

练习3　制作水墨画风格的画展海报

某会展中心近期将举办中国画展览，现需要制作一张"60厘米×80厘米"的海报，用于吸引观众。海报中要融入主办方提供的活动时间、地点、"山水"照片等内容。此外，海报需采用水墨画风格，具有艺术观赏性，参考效果如图8-71所示。

【素材位置】配套资源:\素材文件\第8章\山水.jpg、装饰.psd

【效果位置】配套资源:\效果文件\第8章\水墨效果.psd、画展海报.psd

图8-71　水墨画风格的画展海报参考效果

第 **9** 章

切片、批处理与帧动画

本章导读

　　在Photoshop中，切片可以优化设计作品应用于网页中的加载速度，而批处理可以帮助设计师自动对多个图像进行相同的处理，提高处理效率。如果想要增强图像的生动性，设计师还可以应用帧动画为静态图像制作流畅、自然的动态效果。

学习目标

1. 掌握切片的操作方法。
2. 掌握动作与批处理的操作方法。
3. 掌握帧动画的制作方法。
4. 能够应用 AIGC 工具批量处理图像、一键生成线稿和为线稿上色。

案例展示

1. 对于十分复杂、尺寸很大的网页设计作品，如何在前期制作过程中优化页面加载效果？如果要将一个复杂的网页设计作品切割成多个网页元素，如何规划切割大小和位置？

2. 在实际的设计或图像处理过程中，有哪些需要批量处理的状况？此时应如何节约时间、简化操作过程呢？

3. 随着技术进步和审美变化，海报已经发展出动态效果，这使得信息传达更加生动有趣。下图所示的动态海报中，主角行走在圆盘上，圆盘指针由"2023"指向"2024"，生动地体现了"跨"年，背景中燃放烟花的动态效果还营造了热闹、喜庆的氛围。请思考这类动态效果可以运用哪些设计工具进行制作。

9.1 切片

完成图像的基本处理后，如果需要将大尺寸的图像应用于网页，则需要通过切片操作将图像切割为若干个小块，使图像加载得更快，同时便于网页局部更新和交互。切片常用于网页优化。

9.1.1 切片工具与切片选择工具

Photoshop 中与切片相关的工具有两个，一是用于创建切片的切片工具，二是用于选择切片的切片选择工具。

1. 切片工具

选择"切片工具" ✐后，直接拖曳鼠标指针在图像上绘制需要切片的区域即可创建切片。"切片工具"属性栏如图 9-1 所示。

图9-1 "切片工具"属性栏

· **样式**。在"样式"下拉列表中可以选择切片区域的绘制模式，包括"正常""固定长宽比""固定大小"3 个选项。当选择"固定长宽比"或"固定大小"选项时，可在右侧的数值框中设置切片的"宽度"和"高度"。

· **基于参考线的切片**。若图像中已设置参考线，则可单击 基于参考线的切片 按钮，Photoshop 将基于参考线位置划分图像区域，为每个划分后的图像区域创建切片。

Photoshop 中有两种切片类型：用户切片和自动切片。用户切片是指用户通过切片工具手动创建的切片，自动切片是指 Photoshop 自动生成的切片。手动创建新切片或编辑切片时，图像中都会生成自动切片来占据图像区域，自动切片可以填充图像中的非用户切片的区域。图 9-2 中，蓝底白字所在的图像区域即为用户切片，灰底白字所在的图像区域即为自动切片。

图9-2　用户切片与自动切片

2. 切片选择工具

"切片选择工具" 主要用于选择切片、调整切片堆叠顺序、对齐与分布切片等。"切片选择工具"属性栏如图 9-3 所示。

图9-3　"切片选择工具"属性栏

· **调整切片堆叠顺序**。创建切片后，最后创建的切片将处于所有切片的最上方。若想调整切片的位置可单击 、 、 、 这 4 个按钮。

· **提升**。单击 提升 按钮，可以将所选的自动切片转换为用户切片。

· **划分**。单击 划分… 按钮，将打开"划分切片"对话框，在该对话框中可划分所选的切片。

· **对齐与分布切片**。选择多个切片后，可单击相应按钮来对齐与分布切片。

· **隐藏自动切片**。单击 隐藏自动切片 按钮，将隐藏自动切片。

· **为当前切片设置选项**。单击 按钮，将打开"切片选项"对话框，在其中可设置名称、类型和 URL 地址等。

9.1.2　编辑切片

在绘制切片时，若对绘制的切片不满意，可以编辑这些切片，常用的编辑操作如下。

· **移动切片**。选择切片后，按住鼠标左键进行拖曳，即可移动所选的切片。

· **调整切片**。选择切片后，将鼠标指针移动到切片四周，此时鼠标指针将变为 形状，按住鼠标左键不放进行拖曳，可调整切片的大小。其原理与调整选区大小的原理相同。

- **划分切片**。选择需要被划分的切片，在"切片选择工具" ⬚ 的工具属性栏中单击 ⬚ 按钮；或单击鼠标右键，在弹出的快捷菜单中选择"划分切片"命令，打开"划分切片"对话框，在其中设置水平、垂直方向的划分数目后，单击 ⬚ 按钮。

- **组合切片**。先选择两个或两个以上切片，再单击鼠标右键，在弹出的快捷菜单中选择"组合切片"命令，即可将多个切片组合为一个切片。

- **转换切片**。要对自动切片进行更加细致的设置就必须先将自动切片转换为用户切片。选择需要转换的切片，在"切片选择工具" ⬚ 的工具属性栏上单击 ⬚ 按钮；或在需要转换的切片上单击鼠标右键，在弹出的快捷菜单中选择"提升到用户切片"命令，即可将自动切片转换为用户切片。

- **设置切片选项**。对用户切片可以进行切片选项的设置。在"切片选择工具" ⬚ 的工具属性栏中单击 ⬚ 按钮；或者在需要设置的切片上单击鼠标右键，在弹出的快捷菜单中选择"编辑切片选项"命令，即可打开"切片选项"对话框，如图9-4所示，在其中可设置切片选项。

- **复制切片**。选择切片后，按【Alt】键，当鼠标指针变为 ⬚ 形状时单击并拖曳，即可复制切片。

图9-4　"切片选项"对话框

资源链接："切片选项"对话框参数详解

- **删除切片**。选择切片后，按【Delete】键或【Backspace】键，即可删除所选的切片。选择【视图】/【清除切片】命令，即可删除所有的用户切片和图层切片。选择切片后，在其上单击鼠标右键，在弹出的快捷菜单中选择"删除切片"命令，即可删除所选的切片。

- **优化与导出切片**。选择【文件】/【导出】/【存储为 Web 所用格式】命令，打开"存储为 Web 所用格式"对话框，单击 ⬚ 按钮，打开"将优化结果存储为"对话框，选择文件的储存位置，并在"格式"下拉列表中选择"HTML 和图像"选项，单击 ⬚ 按钮。

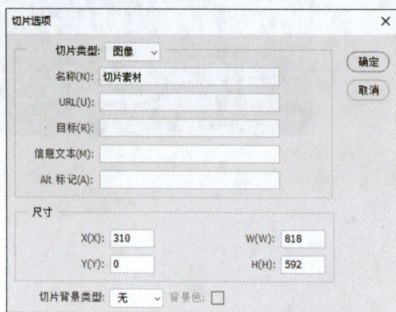

9.1.3　课堂案例：为汽车企业官网首页切片

　　某汽车企业已经完成了对官网首页的设计，在后台上传、更新官网首页前，需要对首页进行切片处理。要求在切片过程中根据首页内容合理规划切片位置及命名切片，完成后存储和导出切片。具体操作如下。

微课视频

为汽车企业官网首页切片

　　步骤 01　打开"官网首页 .jpg"文件（配套资源:\素材文件\第 9 章\官网首页 .jpg），按【Ctrl+R】组合键显示标尺，从标尺顶端向下拖曳创建参考线，划分导航栏、全屏海报、"关于我们"板块、"业务范围"板块和页尾切片区域。

　　步骤 02　选择"切片工具" ⬚ ，单击 ⬚ 按钮，创建的切片左上角将显示蓝色的切片序号 "01" "02" "03" "04" "05"，如图 9-5 所示。

　　步骤 03　选择"切片选择工具" ⬚ ，在图像编辑区中选中"04"切片，在其上单击鼠标右键，在弹出的快捷菜单中选择"划分切片"命令，打开"划分切片"对话框，单击选中"垂直划分为"复选框，设置横向切片数量为"3"，单击 确定 按钮。

步骤 04　在导航栏中的标志左上角单击，然后按住鼠标不放，沿着参考线拖曳到标志右下角后释放鼠标左键，以绘制切片。依据图像元素、文字元素等的不同，使用这种方式进一步将每个板块的切片划分为更小的部分，如图 9-6 所示。

图9-5　基于参考线创建切片

图9-6　划分与绘制切片

步骤 05　选中导航栏中的标志切片，在其上单击鼠标右键，在弹出的快捷菜单中选择"编辑切片选项"命令，打开"切片选项"对话框，设置名称为"官网首页—导航栏—标志"，单击 确定 按钮。使用这一方法为其他切片重命名，要尽量使名称直观、简洁。

步骤 06　保存文件（配套资源 :\ 效果文件 \ 第 9 章 \ 官网首页 .jpg），选择【文件】/【导出】/【存储为 Web 所用格式】命令，打开"存储为 Web 所用格式"对话框，单击 存储…… 按钮，打开"将优化结果存储为"对话框，选择文件的储存位置，设置格式为"HTML 和图像"，切片为"所有切片"，单击 保存(S) 按钮，如图 9-7 所示。

步骤 07　打开存储文件的文件夹（配套资源 :\ 效果文件 \ 第 9 章 \ 官网首页 .html、"images"文件夹），可看到"官网首页 .html"网页和"images"文件夹，双击"images"文件夹，在打开的窗口中可查看切片导出效果，如图 9-8 所示。

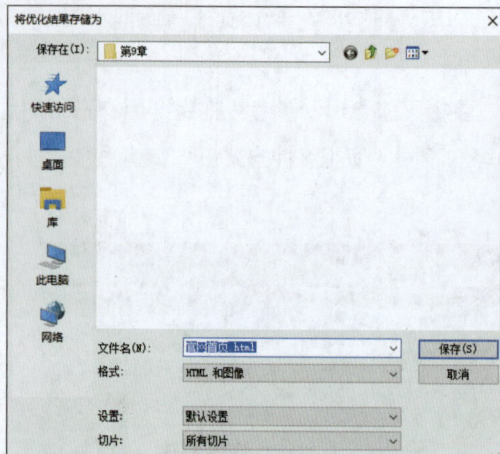

图9-7　"将优化结果存储为"对话框

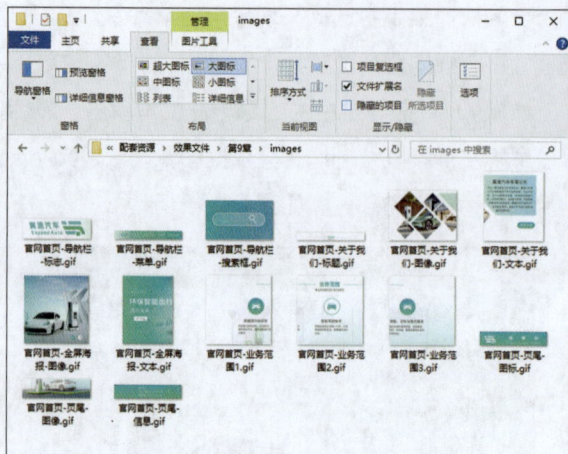

图9-8　查看切片导出效果

9.2　动作与批处理

在图像处理中，我们经常需要对多张图像进行相同的处理，此时可使用动作自动化处理图像，提高图像处理效率。在 Photoshop 中，自动化处理是指使用动作或批处理功能快速为多个图像执行重复的操作。

9.2.1　创建与保存动作

在 Photoshop 中，可通过动作的创建与保存功能，将制作的图像效果如画框效果或文字效果等创建为动作保存在计算机中，以避免重复的处理操作。

1. 创建动作

打开要创建动作的文件，选择【窗口】/【动作】命令，或按【Alt+F9】组合键打开"动作"面板，单击该面板底部的"创建新组"按钮 ，打开"新建组"对话框，如图 9-9 所示，设置名称后单击 确定 按钮，再单击该面板底部的"创建新动作"按钮 ，打开"新建动作"对话框进行设置，如图 9-10 所示，其中"组"下拉列表中可选择放置动作的动作序列；"功能键"下拉列表中可为创建的动作设置一个功能键，按下该功能键即可运行对应的动作；在"颜色"下拉列表中可选择动作颜色。

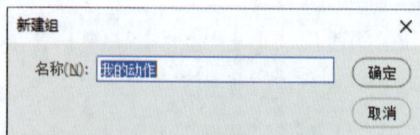

图9-9　"新建组"对话框

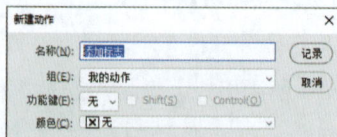

图9-10　"新建动作"对话框

此时根据需要对当前图像进行操作，每进行一步操作都将在"动作"面板中记录相关的操作项及参数，创建完成后，单击"停止播放/记录"按钮 完成操作。创建的动作将自动保存在"动作"面板上。

2. 保存动作

设计师创建的动作将暂时保存在"动作"面板中，在每次启动 Photoshop 后即可使用，如不小心删除了动作，或重新安装了 Photoshop，保存的动作将消失。因此，应将这些已创建好的动作以文件的形式进行保存，需使用时再通过加载文件的方式载入"动作"面板。选择要保存的动作，单击"动作"面板右上角的 ▤ 按钮，在打开的下拉列表中选择"存储动作"选项，在打开的"存储"对话框中指定保存位置和文件名，完成后单击 保存(S) 按钮，即可将动作以 ATN 格式进行保存。

9.2.2　载入与播放动作

在自动化处理时，为提升制作效率，还可以下载网站中的动作，然后将其添加到"动作"面板，并对动作进行播放，查看整个动作的效果。

- **载入动作**。在网上发现喜欢的动作后，可先将其保存到计算机硬盘中，然后单击"动作"面板右上角的 ▤ 按钮，在打开的下拉列表中选择"载入动作"选项，打开"载入"对话框，在其中查找需要载入的动作名称和路径，单击 载入(L) 按钮，即可将该动作载入"动作"面板。
- **播放动作**。打开需要应用动作的图像文件，在"动作"面板中选择动作，单击"播放选定的动作"按钮 ▶，此时选择的动作将应用到图像上。

9.2.3　自动化批量处理图像

若需要对多个图像进行相同的处理，可使用 Photoshop 的自动处理图像功能。这需要先通过"动作"面板将对图像执行的各种操作进行录制并保存为动作。然后打开需要批处理的所有文件，或将所有文件整理到同一个文件夹中，选择【文件】/【自动】/【批处理】命令，打开"批处理"对话框，如图 9-11 所示，在其中设置批处理参数后单击 确定 按钮。

图9-11　"批处理"对话框

- **组**。该选项用于设置执行批处理效果的动作组。
- **动作**。该选项用于设置执行批处理效果的动作。
- **源**。在"源"下拉列表中可以指定要处理的文件。选择"文件夹"并单击 选择(C)... 按钮，可在打开的对话框中选择一个文件夹，从而批处理该文件夹中的所有图像文件。

- **覆盖动作中的"打开"命令**。单击选中"覆盖动作中的'打开'命令"复选框，在批处理时Photoshop将忽略动作中记录的"打开"命令。
- **包含所有子文件夹**。单击选中"包含所有子文件夹"复选框，可将批处理应用到所选文件夹包含的子文件夹中。
- **禁止显示文件打开选项对话框**。单击选中"禁止显示文件打开选项对话框"复选框，批处理时将不会打开文件选项的对话框。
- **禁止颜色配置文件警告**。单击选中"禁止颜色配置文件警告"复选框，将关闭颜色方案信息的显示。
- **目标**。该选项用于设置完成批处理后文件的保存位置。选择"无"选项，将不保存文件，文件将保持打开状态；选择"存储并关闭"选项，可以将文件保存在原文件夹中，覆盖原文件；选择"文件夹"选项，并单击 选择(H) 按钮，可指定保存文件的文件夹。
- **覆盖动作中的"存储为"命令**。单击选中"覆盖动作中的'存储为'命令"复选框，动作中的"存储为"命令将会引用批处理文件的文件名和位置，而不是动作中自定的文件名和位置。
- **文件命名**。在"目标"下拉列表中选择"文件夹"选项后，可在"文件命名"栏中设置文件的命名规范，以及兼容性。

9.2.4　课堂案例：批量制作白底主图

　　某文具网店将要在电商平台上线一批笔记本商品，现需批量制作高质量的白底主图，用于在电商平台中展示。要求主图背景为纯白色，尺寸为"800 像素 ×800像素"，分辨率为"72 像素 / 英寸"，能清晰地展示笔记本的外观。具体操作如下。

> 微课视频
> [二维码]
> 批量制作白底
> 主图

　　步骤 01　打开"笔记本（1）.jpg"文件（配套资源 :\ 素材文件 \ 第 9 章 \ 笔记本 \ 笔记本（1）.jpg），按【Alt+F9】组合键打开"动作"面板，单击其底部的"创建新动作"按钮，打开"新建动作"对话框，设置名称为"白底主图"，单击 记录 按钮，Photoshop 将开始录制动作。

> 🖱 **职业素养**
>
> 　　在商品页面中，商品主图中通常要有一张商品白底主图，商品背景为纯白色，以便突出商品的细节和特色，让消费者直观地观察商品整体效果。制作商品白底主图时，商品需占图片85%左右的面积，要高清、完整、清晰，图片大小不超过300KB，不能含有标志、水印或其他违规信息。

　　步骤 02　先抠取商品主体，在上下文任务栏中单击 移除背景 按钮，如图 9-12 所示，Photoshop将移除背景并创建图层蒙版，如图 9-13 所示。

　　步骤 03　选择"裁剪工具"，设置比例为"1：1"，按【Enter】键确认裁剪。

　　步骤 04　选择【图像】/【图像大小】命令，打开"图像大小"对话框，先设置分辨率为"72像素 / 英寸"，再设置宽度、高度均为"800 像素"，单击 确定 按钮。

　　步骤 05　设置前景色为"白色"，新建图层，将新图层移至"图层"面板最下方，按【Alt+Delete】

组合键填充白色,效果如图 9-14 所示,然后按【Ctrl+S】组合键保存文件(配套资源:\效果文件\第 9 章\笔记本白底主图 1.psd)。

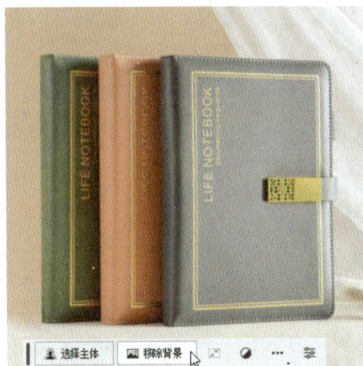

图9-12 单击"移除背景"按钮　　图9-13 移除背景并创建图层蒙版　　图9-14 白底主图效果

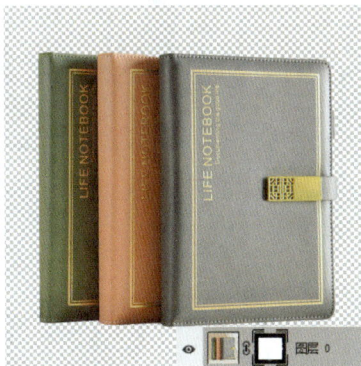

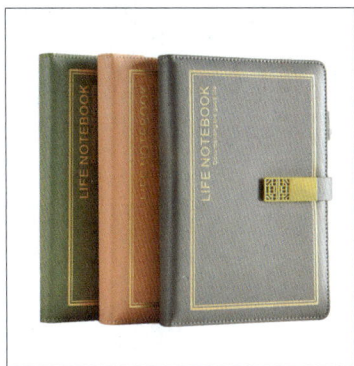

　　步骤 06　在"动作"面板底部单击"停止 播放 / 记录"按钮■,结束动作的录制,此时"动作"面板中会显示录制好的完整动作,如图 9-15 所示。

📖 技巧经验

　　录制动作的过程中,若出现误操作,可先单击"停止 播放 / 记录"按钮■,然后按【Ctrl+Z】组合键撤销操作,返回误操作之前的图像状态,再在"动作"面板中选中已记录的误操作的动作命令,单击"删除"按钮🗑,之后再单击"开始记录"按钮●继续记录动作。

　　如果想要修改动作中某个命令的参数,可以在"动作"面板中双击该命令,在打开的对话框中修改参数。如果想要替换某个动作,可在"动作"面板中选择需要替换的动作,单击该面板右上角的☰按钮,在弹出的快捷菜单中选择"替换动作"命令,打开"载入"对话框,选择新的动作,单击 载入(L) 按钮即可。替换动作后,"动作"面板中原有的动作将更新为替换后的动作。

　　步骤 07　选择【文件】/【自动】/【批处理】命令,打开"批处理"对话框,设置参数,如图 9-16 所示,单击 确定 按钮,Photoshop 将自动批量制作并保存其他白底主图,效果如图 9-17 所示(配套资源:\效果文件\第 9 章\笔记本白底主图 2.psd ～笔记本白底主图 5.psd)。

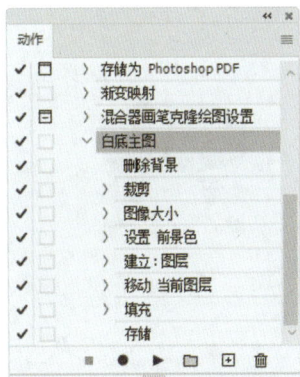

图9-15 录制好的完整动作　　　　　　图9-16 设置批处理参数

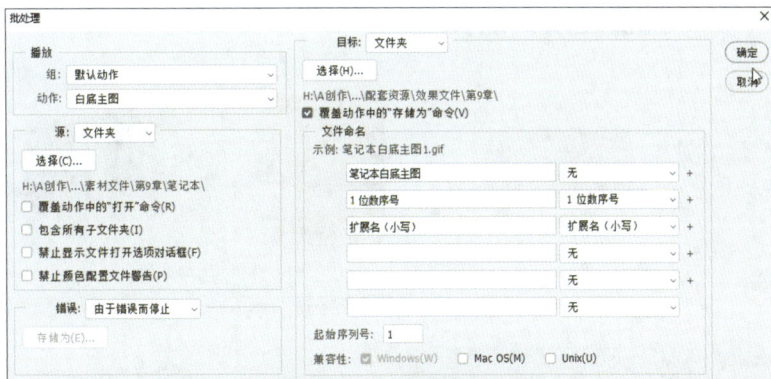

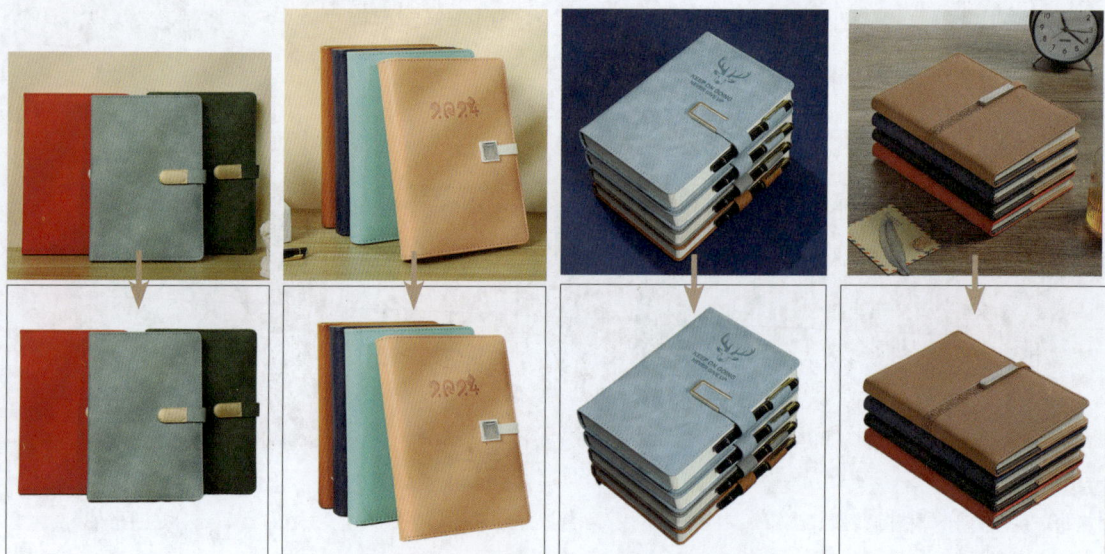

图9-17　批量制作其他白底主图的效果

AIGC 应用　批量处理图像

　　AIGC工具通过学习和训练，可智能识别和处理图像中的关键信息，如颜色、纹理、形状等，自动完成图像的分类、分割、裁剪、增强等任务，从而极大地提高图像处理的效率和质量。常见的批量处理图像操作有批量抠图、批量换背景、批量生成证件照、批量生成电商白底图、批量变清晰、批量去水印和加水印、批量换尺寸等。

　　操作方法：上传需要批量处理的所有图像，选择某个批量处理功能后，AIGC工具将自动批量处理所有图像，最后用户可批量下载或打包下载处理后的效果文件。

　　示例：

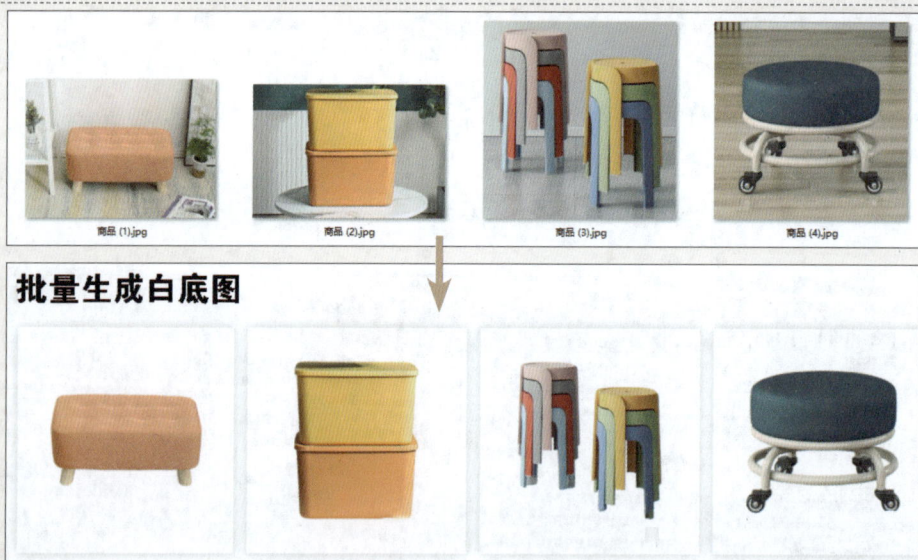

平台：图可丽
模式：自动设计模板>批量生成电商白底图
上传图片：素材文件\第9章\商品（1）～（4）.jpg
生成结果：效果文件\第9章\白底图（1）～（4）.jpg

9.2.5 课堂案例：批量制作动漫线稿

需要为多张彩色的动漫图像制作线稿，为提升效率，可使用Photoshop的动作与批处理功能，快速完成动漫图像的批量线稿提取，并保证线稿清晰、易识别、细节完整。具体操作如下。

步骤01 打开"动漫（1）.png"文件（配套资源:\素材文件\第9章\动漫\动漫（1）.png），如图9-18所示，按【Alt+F9】组合键打开"动作"面板，单击其底部的"创建新动作"按钮，打开"新建动作"对话框，设置名称为"线稿"，单击 记录 按钮，Photoshop将开始录制动作。

步骤02 按【Ctrl+J】组合键复制"背景"图层，按【Shift+Ctrl+U】组合键去色，效果如图9-19所示。

步骤03 按【Ctrl+J】组合键复制去色后的图层，按【Ctrl+I】组合键反相，效果如图9-20所示。

图9-18 打开素材　　　　图9-19 图像去色效果　　　　图9-20 图像反相效果

步骤04 选择【滤镜】/【其他】/【最小值】命令，打开"最小值"对话框，设置半径为"3"，单击 确定 按钮，效果如图9-21所示，然后在"图层"面板中设置该图层的混合模式为"颜色减淡"，线稿效果如图9-22所示，按【Ctrl+S】组合键保存文件（配套资源:\效果文件\第9章\动漫线稿1.psd）。

步骤05 在"动作"面板底部单击"停止 播放/记录"按钮，结束动作的录制，此时"动作"面板中会显示录制好的完整动作，如图9-23所示。

图9-21 应用"最小值"滤镜的效果　　图9-22 线稿效果　　图9-23 录制好的完整动作

步骤06 选择【文件】/【自动】/【批处理】命令，打开"批处理"对话框，设置动作为"线稿"，源为"动漫"文件夹（配套资源:\素材文件\第9章\动漫\），选择保存文件的目标文件夹，然后单击选中"覆盖动作中的'存储为'命令"复选框，将文件命名为"动漫线稿+1位数序号+扩展名（小

写）"，单击 确定 按钮，Photoshop 将自动批量制作其他动漫线稿，效果如图 9-24 所示（配套资源:\效果文件\第 9 章\动漫线稿 2.psd ～动漫线稿 5.psd ）。

图9-24　批量制作其他动漫线稿的效果

AIGC 应用　生成线稿与线稿上色

　　AIGC工具可以根据文字描述直接生成线稿，也可以自动分析用户上传的参考图，快速对图像进行边缘检测、轮廓提取和特征增强等图像处理操作，从而根据图片生成线稿。用户上传线稿图片后，AIGC工具可以理解并识别线稿中的不同区域和轮廓，然后根据这些识别结果自动匹配并应用合适的颜色，从而实现对线稿的快速上色和效果图渲染。利用AIGC工具的线稿上色功能不仅能简化传统上色的烦琐过程，提高上色效率，还能够为线稿添加更具创意和个性化的色彩。

　　操作方法：上传需要生成线稿的图片，选择生成线稿功能后直接让AIGC工具生成线稿。上传需要上色的线稿图，选择线稿上色或图片渲染相关的功能，然后选择模板、场景等，确认后，AIGC工具将为线稿上色。

　　示例：

平台：神采 AI
模式：AI 工具 > 工作流 > 照片转线稿
上传图片：素材文件 \ 第 9 章 \ 照片转线稿 .jpg
风格：设计草图 > 精细轮廓
生成结果：效果文件 \ 第 9 章 \ 线稿 .jpg

平台：神采 AI
模式：AI 工具 > 生成式工具 > 草图渲染
上传图片：素材文件 \ 第 9 章 \ 景观设计线稿 .png
风格：摄影 > 写实
场景：景观设计 > 商业景观
生成结果：效果文件 \ 第 9 章 \ 线稿渲染景观设计 .jpg

9.3 帧动画

帧动画是一种常见的动画形式,其原理是在"连续的关键帧"中分解动画动作,也就是逐帧绘制不同的内容,使其连续播放而形成动态的画面效果。在 Photoshop 中,设计师可以通过"时间轴"面板中的"帧动画"模式,将静态效果的图像制作成动态效果的图像,让图像更具趣味性和灵活性,为人们带来全新的视觉体验。

9.3.1 "时间轴"面板

Photoshop 中的"时间轴"面板用于编辑视频和图像序列文件中的各个帧,它有"视频时间轴"模式和"帧动画"模式。其中,"视频时间轴"模式主要用于处理视频,"帧动画"模式用于制作帧动画,为图像制作动态效果一般选择"帧动画"模式。

进入"帧动画"模式的操作方法为:选择【窗口】/【时间轴】命令,打开"时间轴"面板,在其中单击∨按钮,选择"创建帧动画"选项,然后单击 创建帧动画 按钮,此时"时间轴"面板将变为图 9-25 所示的状态。

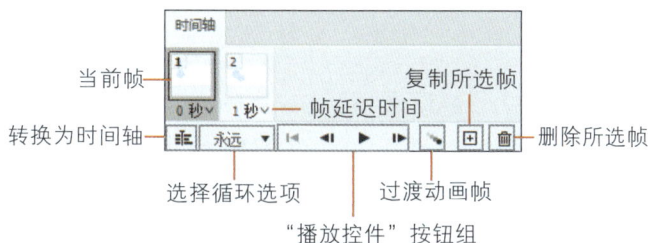

资源链接:
"时间轴"面板
详解

图9-25 "时间轴"面板

在"时间轴"面板中创建动画时,需要在该面板中选择需要设置的当前帧,然后修改该帧图层的位置、不透明度或样式,Photoshop 将自动在关键帧之间添加或修改一系列帧,通过均匀改变新帧之间的图层属性(位置、不透明度和样式)创建运动或变换的显示效果。例如,要为某对象设置淡入效果,可在起始帧将该对象所在图层的不透明度设置为 0%(见图 9-26),然后单击"复制所选帧"按钮,将复制的帧作为结束帧,在结束帧将该对象所在图层的不透明度设置为 100%(见图 9-27)。

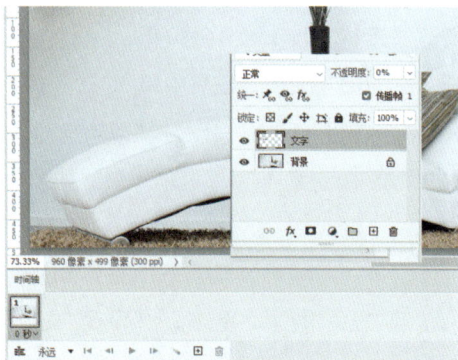

图9-26 设置起始帧

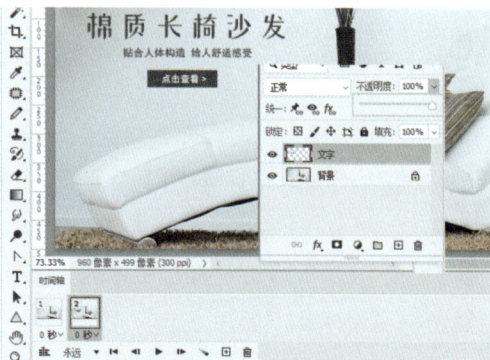

图9-27 设置结束帧

单击"过渡动画帧"按钮 ，在打开的"过渡"对话框中设置要添加的帧数，单击 确定 按钮，Photoshop会自动在起始帧和结束帧之间插入新帧，并在新帧之间均匀地降低图层的不透明度，如图9-28所示。如果要让过渡效果更自然，可以选择所有帧，设置相同的帧过渡时间。

图9-28　帧动画效果

9.3.2　编辑帧

为对象制作动态效果的过程中，经常需要编辑对象所在的帧，如新建帧、删除单帧、删除动画、拷贝单帧、粘贴单帧、过渡等。这些编辑操作都可以通过单击"时间轴"面板右上角的 按钮，在弹出的快捷菜单中选择相应的编辑帧命令来实现，如图9-29所示。

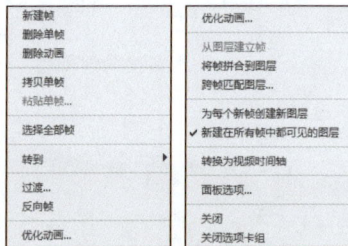

图9-29　编辑帧命令

9.3.3　课堂案例：设计箱包宣传H5页面

爱华仕箱包现推出一款蓝色的拉杆箱，为不断提升产品创意设计，计划制作具有创意的H5页面进行宣传推广，现已完成H5页面的静态效果制作，还需要设计动态效果，使视觉效果更加生动、吸引人，同时更能突出主题。具体操作如下。

微课视频

设计箱包宣传
H5页面

步骤01　打开"H5静态页面1.psd"文件（配套资源:\素材文件\第9章\H5静态页面1.psd），选择【窗口】/【时间轴】命令，打开"时间轴"面板，在其中单击 按钮，然后选择"创建帧动画"选项，然后单击 创建帧动画 按钮，Photoshop将以当前图像效果创建帧动画的第1帧，选择 0秒 下拉列表，在打开的下拉列表中选择"0.5"选项，效果如图9-30所示。

步骤02　在"时间轴"面板中单击"复制所选帧"按钮 ，创建第2帧，在"图层"面板中显示"星光1""星球2""狐狸（走）""王子（走）"图层和文字图层，隐藏"星球1""狐狸（站）""王子（站）"图层，效果如图9-31所示。

步骤03　单击"复制所选帧"按钮 ，创建第3帧，在"图层"面板中显示"文字底光""星光2""星球3""狐狸（站）""王子（站）"图层，隐藏"星球2""狐狸（走）""王子（走）"图层，效果如图9-32所示。

H5是HTML5的简称，指第5代超文本标记语言（Hyper Text Markup Language）。运用HTML5制作的H5页面，不仅在视觉、动画、信息传递、交互等方面有较好的效果，还具有灵活性高、开发成本低、制作周期短、可操作性与互动性强、表现形式丰富等特性，常用于产品和品牌推广、活动运营、总结报告等方面。在设计H5页面的动态效果时，应明确其目的，如是为了引导用户、强调信息，还是为了增强趣味性，避免无意义的动态效果干扰用户体验。同时，动态效果应简洁明了，避免过于复杂和烦琐，过多的动态效果可能导致用户分心，降低页面加载速度。此外，保持动态效果风格的一致性，有助于提升用户体验。

步骤04 单击"复制所选帧"按钮⊞，创建第4帧，在"图层"面板中显示"星球4""狐狸（走）""王子（走）"图层，隐藏"文字底光""星光2""星球3""狐狸（站）""王子（站）"图层，效果如图9-33所示。

图9-30 第1帧效果	图9-31 第2帧效果	图9-32 第3帧效果	图9-33 第4帧效果

步骤05 单击"复制所选帧"按钮⊞，创建第5帧，在"图层"面板中显示"文字底光""星光2""星球5""狐狸（站）""王子（站）"图层，隐藏"星球4""狐狸（走）""王子（走）"图层，效果如图9-34所示。

步骤06 在"时间轴"面板中设置循环为"永远"，单击"播放动画"按钮▶预览动态效果，按【Shift+Ctrl+Alt+S】组合键导出GIF动图，然后按【Ctrl+S】组合键保存文件（配套资源:\效果文件\第9章\H5页面1.psd、H5页面1.gif）。

步骤07 打开"H5静态页面2.psd"文件（配套资源:\素材文件\第9章\H5静态页面2.psd），将文字移动到画布左侧之外，将热气球图像移动到画布下方，如图9-35所示，并设置文字图层、热气球图层的不透明度分别为"0%""55%"，然后以当前图像效果创建帧动画的第1帧，设置帧延迟时间为"0.1"。

步骤08 创建第2帧，将文字向右移动至画布内的左侧，将热气球图像移动到画布内的顶部，并设置文字图层、热气球图层的不透明度均为"100%"，效果如图9-36所示。

在新的一帧中移动前一帧相同图层内容时，尽量一次性移动到位，否则可能会影响前一帧中该图层内容的位置，使其产生同样变化。若产生了同样变化，可单独调整前一帧中的该图层内容的位置，使两个帧中相同图层内容的位置不同。

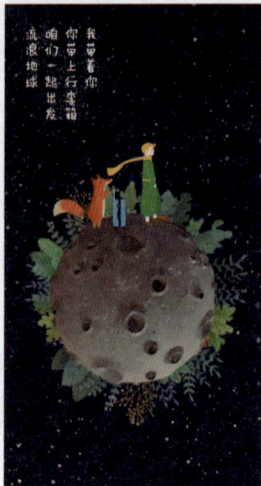

图9-34　第5帧效果　　　　图9-35　移动到画布外　　　　图9-36　移动到画布内并完全显示

步骤 09　在"时间轴"面板中单击"过渡动画帧"按钮，打开"过渡"对话框，设置"要添加的帧数"为"15"，如图 9-37 所示，单击 确定 按钮，将在两个帧之间生成 15 帧的过渡画面，使文字与热气球的位置和不透明度产生均匀、自然的渐变效果，部分过渡帧画面如图 9-38 所示。

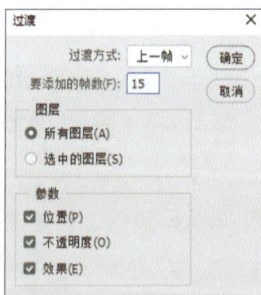

图9-37　创建过渡动画帧　　　　图9-38　部分过渡帧画面

步骤 10　设置循环为"永远"，预览动态效果，然后导出 GIF 动图并保存文件（配套资源:\ 效果文件 \ 第 9 章 \H5 页面2.psd、H5 页面2.gif）。

步骤 11　使用制作 H5 页面 1 和 H5 页面 2 的方法，根据页面内容为 H5 其他页面制作合适的动画效果（配套资源:\ 效果文件 \ 第 9 章 \H5 页面 3.psd ～ H5 页面 8.psd、H5 页面 3.gif ～ H5 页面 8.gif）。

AIGC 应用　生成动画视频

　　AIGC工具生成动画视频的基本原理：基于深度学习算法和生成模型，利用大量的视频数据进行训练，学习到视频中的运动规律、画面特征，以及声音与画面的对应关系等，然后利用生成模型，根据用户输入的提示词、图像或其他形式的提示信息，生成具有特定风格和内容的动画视频。

　　操作方法：选择视频生成模式（文生视频、图生视频等），如果使用文生视频模式，则需输入需要的动画内容的提示词，然后设置视频生成模型、视频时长、视频比例等，确认操作后AIGC工具将开始生成；如果使用图生视频模式，则需在输入提示词之前上传图片，然后采用与文生视频模式相同的操作方法。

　　提示词描述方法：内容主题+动作+画面场景

　　示例：

平台：Midjourney 中文站
模式：AI 视频 > 图生视频
上传图片：素材文件 \ 第 9 章 \ 表情包 .png
模型：Runway3
视频时长：5 秒
描述视频场景：跳动，晃动身体，摆尾巴
生成结果：效果文件 \ 第 9 章 \ 动画视频 .mp4

资源链接：
效果预览

课堂实训

实训1　为App页面切片

实训目标

　　某租房 App 为了提升用户的体验，重新设计了首页，现在需要根据状态栏、搜索栏、Banner、功能类目、二手房推荐、导航栏等板块进行切片，要求切片后重命名切片，并将其导出，参考效果如图 9-39 所示。

　　【素材位置】配套资源 :\ 素材文件 \ 第 9 章 \App 页面 .jpg

【效果位置】配套资源:\效果文件\第9章\App 页面\App 页面 .jpg、App 页面 .html、"images"
文件夹

图9-39　App页面切片参考效果

实训思路

步骤 01　打开 App 页面，创建参考线，以划分板块。

步骤 02　使用"切片工具" 基于参考线创建切片。

步骤 03　使用"切片选择工具" 选择功能类目板块的切片，选择"划分切片"命令，将其水平划分为 2 个部分、垂直划分为 4 个部分。使用相同的方法，将二手好房板块的切片垂直划分为 2 个部分。

步骤 04　选择"编辑切片选项"命令为各个切片重命名，使名称能直观地体现切片内容。

步骤 05　选择"存储为 Web 所用格式"命令导出 HTML 格式的文件和所有切片图像，最后保存文件。

实训2 为商品主图批量添加标志水印

实训目标

轩莹珠宝网店近期准备上线一批珠宝饰品，为此拍了多张珠宝图片，以便后期用作商品主图，为了避免商品主图被盗用，需要为商品主图添加标志水印，但若依次添加水印将过于烦琐，因此要求通过批处理快速添加标志水印，参考效果如图9-40所示。

图9-40 为商品主图批量添加标志水印

【素材位置】配套资源 :\ 素材文件 \ 第 9 章 \ "珠宝" 文件夹

【效果位置】配套资源 :\ 效果文件 \ 第 9 章 \ 珠宝主图 1 ～ 4.psd

实训思路

步骤 01 在 AIGC 工具中上传图片，批量添加标志水印。或使用 Photoshop 打开任意一个珠宝图像素材文件，打开 "动作" 面板，开始录制动作。

步骤 02 置入标志水印素材，调整其大小和位置，使其位于左下角。

步骤 03 选择 "图像大小" 命令，将图像调整为 "800 像素 ×800 像素" 的标准主图尺寸。

步骤 04 保存文件，再选择 "批处理" 命令批量处理 "珠宝" 文件夹中的图像。

实训3 设计倒计时动态海报

实训目标

临近新年，某大型购物中心计划举办一场盛大的新年盛典，并在跨年时刻准备了烟花秀，以吸引顾客并提升影响力。为了营造浓厚的节日氛围，并有效传达新年即将开始的信息，购物中心决定设计一款倒计时动态海报，并通过社交媒体、官方网站及现场大屏幕等多种渠道进行展示。要求海报能够突出新年盛典的主题和氛围，动态效果丰富、流畅，内容简洁明了。倒计时海报参考效果如图9-41所示。

【素材位置】配套资源 :\ 素材文件 \ 第 9 章 \ 倒计时海报 .psd

【效果位置】配套资源 :\ 效果文件 \ 第 9 章 \ 倒计时动态海报 .psd、倒计时动态海报 .gif

图9-41　倒计时海报参考效果

实训思路

步骤 01　打开海报文件，基于当前画面创建帧动画，设置帧时长为 0.1 秒。

步骤 02　先制作烟花逐渐绽放、数字背景光和地平线放射光不断闪烁的动态效果，复制 3 帧，并在这 3 帧中隐藏或显示不同的烟花过程图、数字背景光图层，设置不同的地平线放射光图层不透明度。

步骤 03　选中已有的 4 帧进行复制（可将之前制作的动态效果一起复制过来），用于制作倒计时"3"的画面。隐藏数字"4"及其相关的指针图像、转盘状态、年份状态，显示数字"3"及其相关的指针图像、转盘状态、年份状态，制作出指针向右转动、转盘及其中的年份文字向左转动的效果。

步骤 04　在最后一帧页面（画面为数字"4"）之后再创建 4 帧过渡帧，用于过渡到数字"3"画面，设置每个过渡帧的时长为 0.05 秒。

步骤 05　使用步骤 03 ～步骤 04 的方法，制作倒计时"2""1"的帧画面。

步骤 06　接下来为"Happy New Year"文字制作上下跳动的效果，选中第 4 帧，隐藏该文字状态 1 的图层，仅显示该文字上下位移后的图层，并为第 5、6、7 帧做相同处理，之后可每隔 3 ～ 4 帧调整文字，使其显示不同的状态。

步骤 07　预览动态海报，满意后使用"存储为 Web 所用格式"命令导出 GIF 动图，最后保存文件。

课后练习

练习1 为家具网店首页切片

为"梦想家"家具网店首页切片，方便网店装修，要求切片按照板块进行划分和命名，并导出HTML网页和所有切片图像，参考效果如图 9-42 所示。

【素材位置】配套资源:\ 素材文件 \ 第 9 章 \ 家具网店首页 .jpg

【效果位置】配套资源:\ 效果文件 \ 第 9 章 \ "网店首页"文件夹

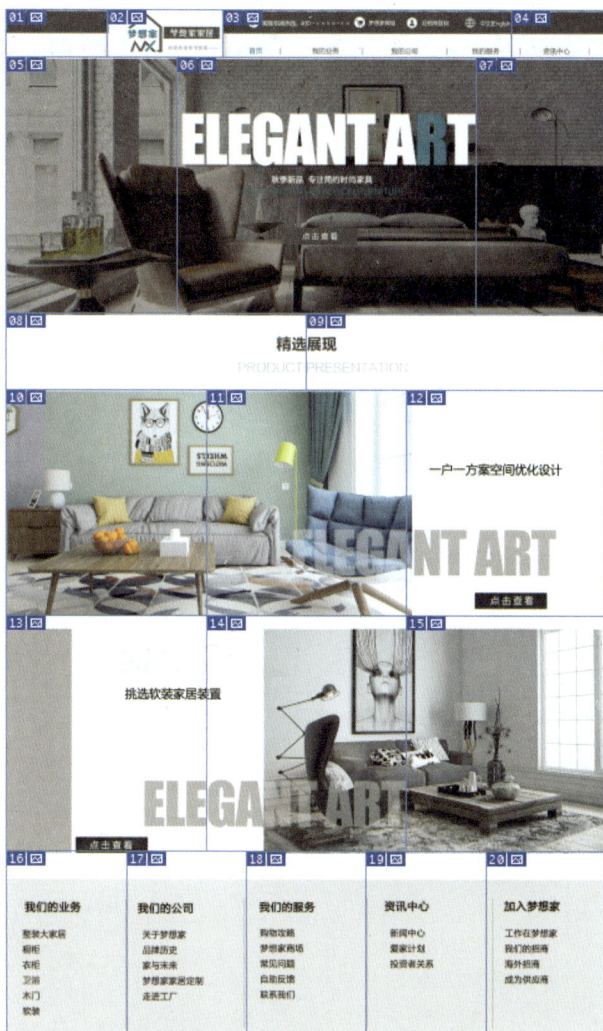

图9-42 家具网店首页切片参考效果

练习2 为图像批量调色

为一组风景图像调色，使其色彩更加美观。要求录制动作，统一运用 Photoshop 中的调色命令中的自动调色功能来完成，然后运用批处理命令来完成制作，参考效果如图 9-43 所示。

【素材位置】配套资源:\素材文件\第9章\"调色"文件夹

【效果位置】配套资源:\效果文件\第9章\风景调色1.jpg～风景调色6.jpg

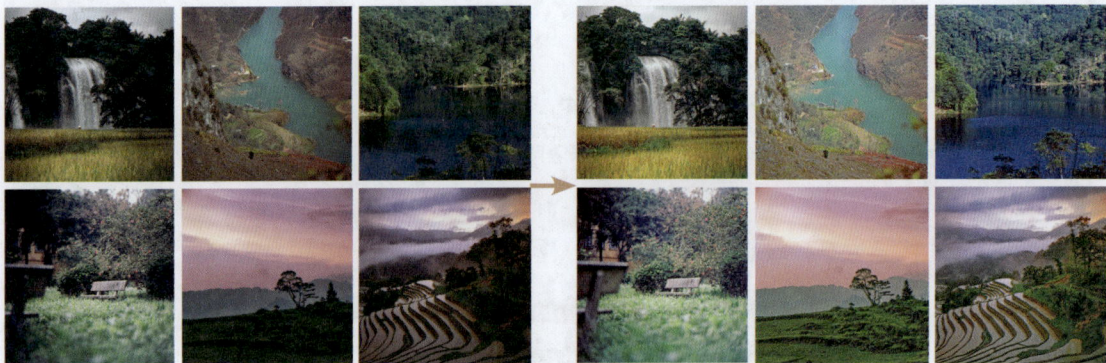

图9-43　图像批量调色参考效果

练习3　为民宿设计动态标志

将"兰花溪谷"民宿的静态标志制作为动态标志，要求在原标志的基础上制作动态效果，动态节奏舒缓、和谐，循序渐进，符合该民宿的"慢生活"主题，可使用AIGC工具生成动态效果视频，或在Photoshop中制作动态效果。民宿动态标志参考效果如图9-44所示。

【素材位置】配套资源:\素材文件\第9章\静态民宿标志.psd

【效果位置】配套资源:\效果文件\第9章\民宿动态标志.psd、民宿动态标志.gif

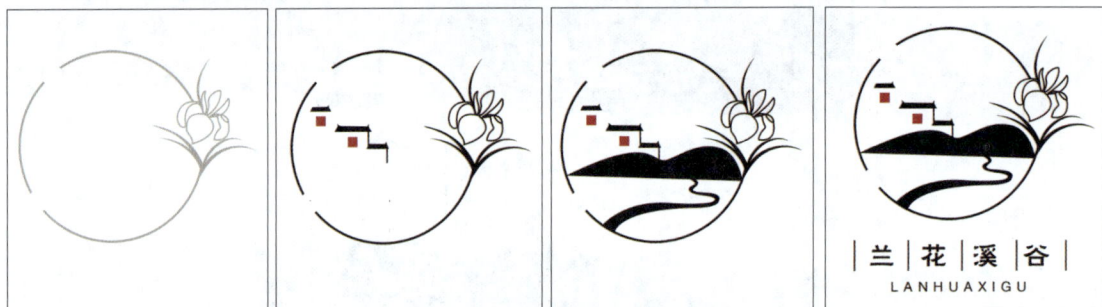

图9-44　民宿动态标志参考效果

第**10**章

综合案例

本章导读

在实际工作中，设计师常常有机会接触不同行业、不同风格的设计案例，可以拓宽设计视野，提升专业素养和创新能力，不断进步，探索设计上的新突破。本章将综合运用Photoshop的各项功能和多种AIGC工具，完成科技企业、图书品牌、公益组织、食品电商4个领域的设计项目，帮助读者巩固所学知识，熟练掌握Photoshop和多种AIGC工具的使用方法，积累宝贵的设计实战经验。

学习目标

1. 熟练应用 Photoshop 的各项功能完成设计项目。
2. 熟练应用 AIGC 工具进行设计。
3. 提高对 Photoshop 各项功能的综合运用能力。
4. 增强创意设计能力。

案例展示

课前引导

1. 扫描右侧的二维码，了解设计师的职业要求，为职业生涯发展奠定基础。

2. 从设计网站中（如 gooood、站酷、Behance、Dribbble、广告门、数英网、花瓣网、优设网、古田路 9 号等）搜索成体系的各行各业设计项目，通过这些设计项目提高设计审美水平，学习优秀设计项目的设计思路。

资源链接：设计师的职业要求

10.1 科技企业设计项目

智泽兴科技公司是一家致力于研究智能制造与人工智能应用的高新企业，随着业务的不断拓展与影响力的日益增强，该公司决定进一步提升其形象与市场认知度。为此，该公司决定启动一系列企业形象升级项目，包括但不限于设计全新的企业标志、年会展板及科技展邀请函。

10.1.1 利用AIGC工具生成企业标志

案例背景

为塑造良好的企业形象，提升市场竞争力，智泽兴科技公司需要设计一个具有代表性的企业标志，该标志要具备较高的辨识度，能够使人们在看到该标志的同时，自然而然地想到该公司。

设计要求

（1）标志视觉效果简洁明快，图形和色彩都具有现代感和科技感。

（2）巧妙融入人工智能元素，富有创意与辨识度。

制作思路

【效果位置】配套资源 :\ 效果文件 \ 第 10 章 \ 科技企业 \ 标志 .png、标志 .psd

步骤 01　使用文心一言为企业标志的设计获取设计思路，得到可以在 AIGC 工具中进行文生图的提示词，如图 10-1 所示。

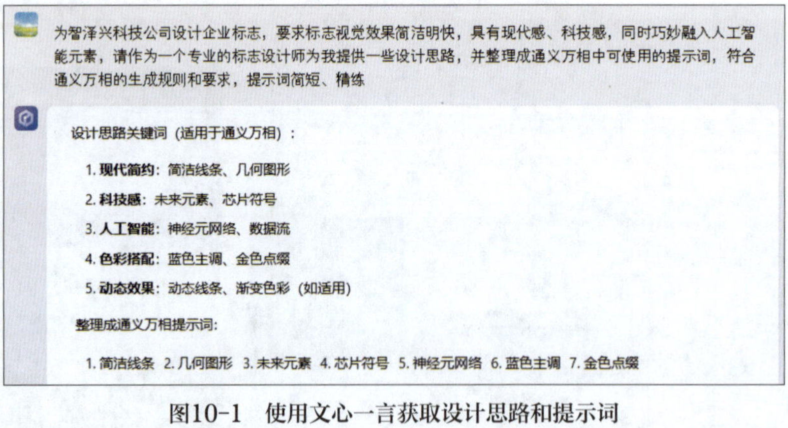

图10-1　使用文心一言获取设计思路和提示词

步骤 02 打开通义万相官网，选择"文字作画"功能，设置创作模型为"万相2.0 专业"，关闭"灵感模式"，输入提示词生成标志，如图 10-2 所示。

图10-2 输入提示词生成标志

步骤 03 下载较符合要求的第 2 张图片，然后使用 Photoshop 去除该图片中原有的英文字母，并输入新的内容。在 Photoshop 中打开该图片，使用"矩形选框工具"框选错误的英文，如图 10-3 所示。

步骤 04 新建图层，将选区填充为白色，效果如图 10-4 所示。

步骤 05 在原英文区域输入英文"TECHNOLOGY"，盖印图层。隐藏其他所有图层，使用"魔棒工具"抠除盖印图层中的白色区域，透明背景的标志效果如图 10-5 所示，最后保存文件。

图10-3 框选错误的英文　　图10-4 填充效果　　图10-5 透明背景的标志效果

10.1.2 设计企业年会展板

案例背景

智泽兴科技公司即将举办一场盛大的年会，回顾过去一年的辉煌成就，同时展望未来的发展蓝图。因此，该公司准备制作年会展板，作为年会的视觉背景。

设计要求

（1）展板以"就现在，向未来"为主题，要能体现公司的科技属性，以及未来展望、年会信息。

（2）展板采用科技风格，运用现代科技元素，营造出强烈的科技感与未来感。

（3）展板整体色彩应以富有科技感的蓝色为主，文字设计应简洁明了，字体大小适中。

（4）展板宽度为 80 厘米，高度为 40 厘米，分辨率为 150 像素/英寸。

制作思路

【素材位置】配套资源:\素材文件\第 10 章\科技企业\"年会"文件夹

微课视频
设计企业年会展板

【效果位置】配套资源:\ 效果文件 \ 第 10 章 \ 科技企业 \ 年会展板 .psd

步骤 01 在 Photoshop 中新建名称、宽度、高度、分辨率分别为"年会展板""80 厘米""40 厘米""150 像素 / 英寸"的文件。将背景填充为"#03074b"。

步骤 02 设置前景色为"#122ca4"，新建图层，使用柔边圆的"画笔工具" 🖌 在中央涂抹，使其呈较亮的蓝色效果。

步骤 03 新建图层，使用"画笔工具" 🖌 在左侧涂抹，运用"镜头光晕"滤镜制作光芒效果，如图 10-6 所示，然后使用"橡皮擦工具" 🖎 擦除明显、生硬的边缘，使其柔和融入背景。

步骤 04 设置前景色为"#104bfd"，通过新建多个图层、设置混合模式为"点光"、使用"画笔工具" 🖌 在图像中单击的方式，提亮背景的不同区域，并适当调整画笔不透明度和图层不透明度。

步骤 05 设置前景色为"#07fffa"，新建图层，在镜头光晕处涂抹，设置图层混合模式为"叠加"、不透明度为"57%"，效果如图 10-7 所示。

步骤 06 置入"地面光 .jpg"素材，并将其调整到画面左侧，设置图层混合模式为"滤色"，使用图层蒙版隐藏明显的边缘和上半部分图像。

步骤 07 打开"渐变球 .psd"素材，将其中的内容移到展板中，调整该素材所在图层不透明度，使背景效果更丰富、更有层次感，如图 10-8 所示。

| 图10-6 制作光芒效果 | 图10-7 在镜头光晕处涂抹 | 图10-8 添加素材 |

步骤 08 置入"科技光环 .png"素材，并将其调整到右下角，通过旋转使其倾斜，设置图层混合模式为"划分"。复制该图层，略微移动复制后的图层使其与原图层错位，设置图层混合模式为"变亮"。

步骤 09 打开"光效 .psd"素材，将其中的内容移到光环上作为装饰，增强发光效果，然后利用"色阶""色相 / 饱和度"调整图层，优化背景色彩，效果如图 10-9 所示。

步骤 10 打开"芯片光线 .psd"素材，将其中的内容移到画面右上角和左下角，设置图层混合模式为"线性减淡（添加）"。打开"光点 .psd"素材，将其中的内容移到画面右上角和左下角，设置图层混合模式为"滤色"，效果如图 10-10 所示。

步骤 11 置入"龙 .png"素材，将其移到科技光环上，并为其添加白色的"颜色叠加"图层样式，效果如图 10-11 所示。

| 图10-9 优化背景色彩 | 图10-10 添加芯片光线和光点 | 图10-11 添加并调整"龙.png"素材后的效果 |

步骤 12　置入"主题 .png"素材,通过选区、剪贴蒙版与填充颜色的操作,为原本黑色的主题文字设计色彩丰富的效果,之后合并所有与主题文字相关的图层。

步骤 13　在主题文字上方输入"凝心聚力""共赴新程"文字,在两组文字右侧分别绘制渐变的矩形条,如图 10-12 所示。

步骤 14　在上方继续输入年会时间信息,在画面左上角添加企业标志,并为企业标志应用蓝白渐变的"渐变叠加"图层样式,最后保存文件,最终效果如图 10-13 所示。

图10-12　绘制渐变的矩形条

图10-13　最终效果

10.1.3　设计"中国智造"科技展邀请函

案例背景

为了展示公司在人工智能领域的最新成果,加强与行业内其他公司及专家的交流与合作,智泽兴科技公司决定参加"中国智造"科技展。为了从众多参展公司中脱颖而出,展现公司的形象和技术实力,该公司决定设计一份视觉效果独特且富有创意的邀请函,邀请行业内外的合作伙伴、客户及媒体朋友前来参观和交流。

微课视频

设计"中国智造"科技展邀请函

设计要求

(1)邀请函紧扣"中国智造"主题,突出公司在人工智能领域的科研能力。

(2)邀请函采用现代科技感风格,结合虚拟现实、增强现实等前沿技术元素,以及机械制造元素进行设计。

(3)邀请函上应包含展会的基本信息,如展会名称、时间、地点等。

(4)邀请函宽度为 1242 像素,高度为 2688 像素,分辨率为 150 像素 / 英寸。

制作思路

【素材位置】配套资源 :\ 素材文件 \ 第 10 章 \ 科技企业 \ "邀请函"文件夹

【效果位置】配套资源 :\ 效果文件 \ 第 10 章 \ 科技企业 \ 邀请函 .psd

步骤 01　在 Photoshop 中新建名称、宽度、高度、分辨率分别为"邀请函""1242 像素""2688 像素""150 像素 / 英寸"的文件。将背景填充为"#132489",置入"背景 .png"素材,运用图层蒙版隐藏部分图像,使素材自然地融入画面,效果如图 10-14 所示。

步骤 02　置入"机械手 .png"素材，将其覆盖至画面中的人手图像上，运用图层蒙版隐藏部分人手图像。置入"科技方块 .png"素材，将其放到画面下方，设置图层混合模式为"滤色"，效果如图 10-15 所示。

步骤 03　在顶部输入颜色为"#daf8ff"的"中国智造"文字，运用"斜面和浮雕""投影"图层样式制作金属效果；复制文字图层，设置新图层填充为"0%"，先清除原来的图层样式，再添加"描边""外发光"图层样式，增强文字的立体感，如图 10-16 所示。

图10-14　添加与调整背景
素材

图10-15　添加机械手和科技
魔方素材

图10-16　增强文字的
立体感

步骤 04　置入"边框 .png"素材，将其放置到主题文字的上方和下方，在边框下方输入展会名称和"邀请函""INVITATION"文字。

步骤 05　为边框所在图层添加"斜面和浮雕""颜色叠加""内发光""外发光""投影"图层样式，将边框的图层样式复制到展会名称和"邀请函""INVITATION"文字图层上，如图 10-17 所示。

步骤 06　在键盘上方绘制一个蓝色圆角矩形，并在其中输入展会地点、时间文字，同时选中这些图层，通过自由变换得到透视效果。

步骤 07　为圆角矩形添加"内发光""外发光"图层样式，并设置该图层的填充为"47%"；为展会地点、时间文字图层添加"描边""外发光"图层样式，并设置这些图层的填充为"0%"，如图 10-18 所示。

步骤 08　将企业标志添加到邀请函底部，为其添加白色的"颜色叠加"图层样式。

步骤 09　在企业标志上方输入"未来科技　人工智能"文字，在文字周围绘制装饰线框，最终效果如图 10-19 所示，最后保存文件。

图10-17　添加图层样式　　　　图10-18　添加图层样式并设置图层填充　　　　图10-19　最终效果

10.2　图书品牌设计项目

作为一个致力于传承与创新的图书品牌，"墨韫"面对数字化阅读的兴起与读者需求的日益多元化，开发了一款阅读 App，并策划和上架了许多电子书，准备通过一系列设计项目，打造既符合当代读者阅读习惯，又能深刻传达品牌文化与理念的阅读产品，全方位、多维度地展现品牌形象和阅读的魅力。

10.2.1　利用AIGC工具生成阅读App图标和Banner

案例背景

数字化阅读已成为现代人获取知识的重要途径，因此"墨韫"图书品牌推出了一款阅读 App，旨在为读者提供海量的阅读资源和良好的创作环境，使读书和创作变得更加便捷、高效和有趣。为了提升 App 形象，设计师需要为这款 App 精心设计主页，在设计主页前，需要先制作导航栏图标和Banner。

设计要求

（1）导航栏图标应包括主页图标、榜单图标、书架图标、个人中心图标，图标应具有很高的辨识度，且整体风格保持一致。

（2）Banner 的比例为 16：9，其内容需要与学习、读书有关，以营造出浓厚的阅读氛围。

制作思路

【效果位置】配套资源:\效果文件\第10章\图书品牌\"阅读App图标和Banner"文件夹

1. 利用AIGC工具生成导航栏图标

步骤01 打开Midjourney中文站，选择"MJ6.1（细节纹理）"模型，先输入提示词生成一组扁平化风格的阅读App图标，如图10-20所示，这里保存第4张参考图。

步骤02 在输入提示词的文本框底部单击 参数设置 按钮，在打开的面板中的"上传参考图"栏上传保存的参考图，选择"风格一致性"选项，然后有针对性地输入与"主页"图标相关的提示词进行生图，如图10-21所示，这里选用第1张图，将其下载和保存。

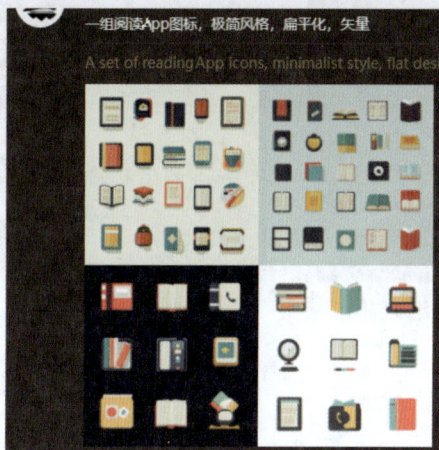

图10-20 生成一组扁平化风格的阅读App图标

图10-21 生成"主页"图标

步骤03 将与"主页"相关的提示词修改为与"榜单"相关的提示词，其他提示词和参考图保持不变，生成"榜单"图标，如图10-22所示，下载和保存此处的第3张图。

步骤04 使用与步骤03相同的方法生成"个人中心"图标，如图10-23所示，这里选用第1张图，但还需去除该图中书的封面上的白色文字，在下方"编辑"栏中单击 U1 按钮，再单击 局部重绘 按钮。

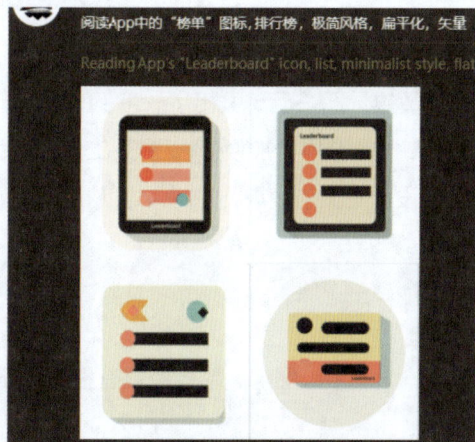

图10-22 生成"榜单"图标

图10-23 生成"个人中心"图标

步骤 05　在打开的对话框中涂抹需要消除的内容（涂抹区域将覆盖为绿色），在"重新描述"对话框中输入"消除"文字，单击 完成 按钮，消除效果如图 10-24 所示，下载并保存图标。

图10-24　消除效果

2. 利用 AIGC 工具生成 Banner

步骤 01　打开即梦 AI 官网，进入"图片生成"页面，设置生图模型为"图片 XL Pro"，图片比例为"16：9"，输入描述词进行生图，此处第 4 张图较符合要求，其但右上角存在拼写错误的英文和不合适的图像，可单击"局部重绘"按钮，如图 10-25 所示。

图10-25　在生成的Banner上单击"局部重绘"按钮

步骤 02　打开"局部重绘"对话框，涂抹需要重绘的区域（将显示为紫色蒙版），如图 10-26 所示，输入重绘描述词"替换为英文'Love'"，单击 立即生成 按钮。

步骤 03　新生成的图片结果中的第 1 张较符合要求，在该图片上单击"消除笔"按钮，打开"消除笔"对话框，涂抹图片顶部的深棕色横线和底部的墨蓝色横线，如图 10-27 所示，单击 立即生成 按钮将其消除，使图片更美观，得到图 10-28 所示的效果，下载并保存图片。

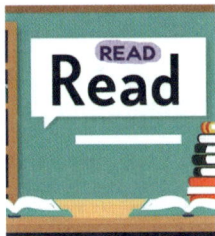

图10-26　涂抹需要重绘的区域　　　　图10-27　涂抹横线　　　　图10-28　消除效果

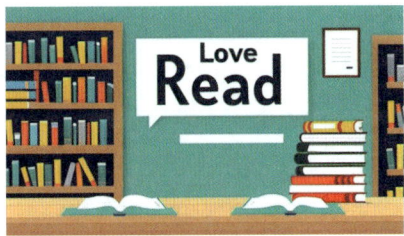

10.2.2　设计阅读App主页

案例背景

借助 AIGC 工具高效生成主页的导航栏图标和 Banner 后，"墨韫"图书品牌准备进一步打造 App 主页，将其作为用户与 App 深度交互的核心界面。

微课视频

设计阅读 App
主页

设计要求

（1）风格简约、清新，色彩搭配舒适，能为用户提供较佳的阅读体验。

（2）界面采用卡片型分栏布局方式，上方为状态栏和搜索栏、Banner，中间依次是"我的阅读"板块、标签栏、"精选推荐"板块，下方为导航栏。

（3）图标和按钮设计应简洁明了，易于识别，重要信息和操作按钮应突出显示。

（4）字体样式要规范，方便用户识别，突出标题及重要文字信息。

制作思路

【素材位置】配套资源 :\ 素材文件 \ 第 10 章 \ 图书品牌 \ 界面素材 .psd

【效果位置】配套资源 :\ 效果文件 \ 第 10 章 \ 图书品牌 \ 阅读 App 主页 .psd

步骤 01　在 Photoshop 中选用"iPhone X"预设选项新建文件，在顶部绘制一个"1125 像素 ×210 像素"的长方形，填充为薄荷绿色。在长方形中绘制一个较小的深青色圆角长方形作为搜索框，效果如图 10-29 所示。

步骤 02　打开"界面素材 .psd"素材，将"状态栏"图层组素材添加到界面最上方，将头像素材添加到搜索框左侧，将搜索图标、消息图标依次添加到搜索框右侧，然后使用"横排文字工具" T. 在搜索框中输入提示文字，如图 10-30 所示。

步骤 03　将生成的 Banner 图像素材添加到长方形下方。

步骤 04　在 Banner 下方输入"我的阅读"板块标题，在标题下方绘制一条灰色横线，在横线下方输入阅读信息，在阅读信息下方绘制"1108 像素 ×23.7 像素"的浅灰色长方形，如图 10-31 所示。

图10-29　绘制形状　　　　图10-30　制作状态栏和搜索框　　　图10-31　制作"我的阅读"板块

步骤 05　在"我的阅读"板块下方绘制一个"1046 像素 ×243 像素"的圆角矩形，并添加灰色的"投影"图层样式。在圆角矩形中绘制 5 个彩色的圆，将"界面素材 .psd"素材中的"阅读记录""我的收藏""购买记录""积分""每日签到"图标分别添加到 5 个圆中，然后在下方输入对应的图标含义，如图 10-32 所示。

步骤 06　将"我的阅读"小标题、横线复制到圆角矩形下方，修改小标题为"精选推荐"，在"精选推荐"小标题右侧绘制 3 个相同的中灰色小圆，作为"展开查看更多信息"的按钮。

步骤 07　在"精选推荐"小标题下方绘制 4 个"236.5 像素 ×327.5 像素"的圆角矩形，使其居中对齐并间隔均匀地分布，然后均添加浅灰色的"投影"图层样式。

步骤 08　将"界面素材 .psd"素材中的 4 张书籍封面图分别移至 4 个圆角矩形上，向下创建剪贴蒙版，然后在封面下方输入对应的著作者、书名信息，如图 10-33 所示。

步骤 09　在底部绘制"1222 像素 ×202 像素"的白色矩形，为其添加投影方向在图形上方的"投影"图层样式，在其中输入导航栏文字，并为"主页"文字绘制圆角矩形装饰框进行强调。

步骤 10　打开生成的图标素材，通过选区和抠图操作抠取图标，将图标添加到对应的导航栏文字下方。

步骤 11　为"主页"图标添加灰色的"投影"图层样式进行强调。为其他 3 个图标设置较低的图层不透明度，弱化其视觉效果，最终效果如图 10-34 所示，最后保存文件。

图10-32　制作标签栏　　　图10-33　制作"精选推荐"板块　　　图10-34　最终效果

10.2.3　设计世界读书日开屏广告

案例背景

　　为庆祝世界读书日，弘扬阅读文化，以及激发用户阅读兴趣，"墨韫"阅读品牌准备在 App 启动后展示以"世界读书日"为主题的开屏广告，传递阅读的力量。

设计要求

　　（1）围绕"世界读书日"这一主题设计开屏广告，清晰地传达核心理念——阅读的力量。

　　（2）开屏广告采用水墨画风格，展现文化底蕴，色调淡雅，营造宁静、平和的阅读氛围。

　　（3）开屏广告宽度为 1242 像素，高度为 2688 像素，分辨率为 72 像素 / 英寸。

制作思路

　　【素材位置】配套资源:\ 素材文件 \ 第 10 章 \ 图书品牌 \ "世界读书日"文件夹

　　【效果位置】配套资源:\ 效果文件 \ 第 10 章 \ 图书品牌 \ 开屏广告 .psd

　　步骤 01　在 Photoshop 中新建名称、宽度、高度、分辨率分别为"开屏广告""1242 像素""2688 像素""72 像素 / 英寸"的文件。

　　步骤 02　依次添加"水墨山水 .jpg""书籍 .jpg""小船 .psd""飞鸟 .png""竹叶 .png"素材，

201

调整素材的大小和位置。在画面上方绘制一个有红色渐变效果的太阳，效果如图 10-35 所示。

步骤 03　抠取书籍图像，并在其下方绘制投影。运用图层蒙版隐藏左下方的小船。为竹叶图像应用青色的"颜色叠加"图层样式，再应用"动感模糊"滤镜，效果如图 10-36 所示。

步骤 04　创建"亮度 / 对比度"调整图层，适当降低亮度，提高对比度。盖印所有图层，为盖印效果应用滤镜库中的"颗粒"和"纹理化"滤镜，提升画面的质感。

步骤 05　使用文字工具组输入"世界读书日"标题以及画面底部的宣传文字。为标题文字添加图层蒙版，制作部分笔画颜色渐隐的效果。

步骤 06　创建"曲线"调整图层，提高画面对比度；创建"色彩平衡"调整图层，调整画面色调至偏青色，最终效果如图 10-37 所示。

图10-35　添加素材并绘制太阳　　图10-36　调整书籍、小船和竹叶图像　　图10-37　最终效果

10.2.4　设计《皮影艺术》书籍封面

案例背景

"墨韫"图书品牌策划出版一本新书《皮影艺术》，在出版前需要设计书籍封面。书籍封面需直观地展现书籍内容和风格，以便吸引读者。

设计要求

（1）封面风格偏向传统、古典，色彩搭配和谐、统一，整体视觉效果美观、典雅、艺术性强。

（2）封面须包含必要的书名、出版社、作者信息，并添加宣传语和皮影相关图像。

（3）封面尺寸为"260 毫米 ×185 毫米"，分辨率为"300 像素 / 英寸"，采用 CMYK 颜色模式。

职业素养

书籍封面又叫书皮，狭义上主要指书籍的正面首页，印有书名、编著者名、出版社名，以及反映书籍的内容、性质、体裁的主体图像，本案例制作的便是狭义上的书籍封面；广义上的书籍封面是指书籍装订书芯外封面的总称，包括封面（又叫前封）、封底（又叫后封，是整本书的最后一页）、书脊（位于封面与封底之间，因书籍具有一定厚度而形成的书籍侧面）、勒口（又被称为折口，是指在前封和后封多留一定宽度的纸张，然后向书内折叠的部分）等。本案例的《皮影艺术》属于文艺类书籍，这类书籍的封面宜选用与书籍内容相符的艺术风格与色彩，如细腻插画、抽象图案或淡雅色调，以传达文艺氛围，字体、色彩的风格要与书籍主题相得益彰，兼顾艺术美感与情感传达。

制作思路

【素材位置】配套资源:\ 素材文件 \ 第 10 章 \ 图书品牌 \ "皮影艺术" 文件夹

【效果位置】配套资源:\ 效果文件 \ 第 10 章 \ 图书品牌 \ 书籍封面 .psd

步骤 01　在 Photoshop 中新建名称、宽度、高度、分辨率、颜色模式分别为 "书籍封面" "185 毫米" "260 毫米" "300 像素 / 英寸" "CMYK 颜色" 的文件，再运用参考线在画面上下左右边缘各设置 3 毫米的出血区域。

步骤 02　在封面左半边绘制黄色矩形，然后置入 "宣纸纹理 .png" 素材，将其放置到封面右半边，完成封面背景的制作，效果如图 10-38 所示。

步骤 03　在封面左侧绘制两个深红色矩形，在较大的深红色矩形中输入竖排的书名，再在书名右侧输入 "光影下的传奇" "秦 ×× 著" 文字，完成书名部分的制作，效果如图 10-39 所示。

步骤 04　将 "皮影戏 .png" 素材置入封面右下方，添加 "皮影印章 .psd" 素材到封面右上角，为印章叠加深红色和白色，使其在封面中效果和谐。

步骤 05　分别输入宣传语 "方寸间的匠心传承" 和出版社信息 "×××× 出版社"，最终效果如图 10-40 所示，保存文件。

| 图10-38　制作封面背景 | 图10-39　制作书名部分 | 图10-40　最终效果 |

10.3　公益组织设计项目

某公益组织致力于为社会发展贡献力量，通过创新技术和线上线下多种方式推动公益事业的发展，既关注现代农业可持续发展、生态环境保护，也致力于文明城市建设和公众安全防范等多方面。

10.3.1　设计智慧农业Banner

案例背景

　　随着科技的飞速发展，智慧农业已成为推动现代农业转型升级的重要力量。某公益组织决定设计智慧农业 Banner，提升公众对智慧农业的认知与兴趣，促进社会各界对现代农业技术的关注与支持。

微课视频

设计智慧农业
Banner

设计要求

　　（1）Banner 应突出"科技兴农　智慧乡村"的主题，展现乡村景观的自然之美与科技农业元素。

　　（2）Banner 的宽度为 3400 像素，高度为 1700 像素，分辨率为 72 像素 / 英寸。

制作思路

　　【素材位置】配套资源 :\ 素材文件 \ 第 10 章 \ 公益组织 \ 智慧农业素材 .psd

　　【效果位置】配套资源 :\ 效果文件 \ 第 10 章 \ 公益组织 \ Banner.psd

　　步骤 01　在 Photoshop 中新建名称、宽度、高度、分辨率分别为"Banner""3400 像素""1700 像素""72 像素 / 英寸"的文件。

　　步骤 02　综合运用画笔工具组、钢笔工具组绘制乡村田野、天空景色（也可考虑使用 AIGC 工具生成乡村风景图），效果如图 10-41 所示。

　　步骤 03　打开"智慧农业素材 .psd"素材，将其中的房屋、农用车、喷洒机、小羊、农业管理员、风车等元素依次添加到 Banner 中并布局，效果如图 10-42 所示。

图10-41　绘制乡村田野、天空景色

图10-42　添加素材

　　步骤 04　输入文字，为主题文字应用"描边""渐变叠加"图层样式，为其他文字绘制长方形、圆角矩形装饰底纹，最终效果如图 10-43 所示，最后保存文件。

图10-43　最终效果

10.3.2 利用AIGC工具生成宣传折页文案

案例背景

消防安全是公共安全的重要组成部分，直接关系到人民群众的生命财产安全。为了提高全民的消防安全意识，增强火灾预防和自救能力，某公益组织联合当地消防救援支队，准备设计一套消防安全宣传折页，并准备使用 AIGC 工具生成折页文案，以提高宣传折页文案的准确性和专业性。

设计要求

（1）宣传折页文案简洁精炼，内容专业严谨，知识普及准确。
（2）宣传折页文案需涉及火灾隐患的重大危险性、灭火器使用方法、全国消防日等相关内容。

制作思路

【效果位置】配套资源 :\ 效果文件 \ 第 10 章 \ 公益组织 \ 消防安全宣传折页文案 .docx

步骤 01　进入文心一言官网，在对话框中输入宣传折页文案的用处和对宣传折页文案内容的要求。

步骤 02　单击 🛪 按钮生成宣传折页文案，效果如图 10-44 所示。

步骤 03　单击生成结果右下角的 🔃 按钮，在弹出的列表中选择"下载到本地"选项，可以用 Word 文档形式保存宣传折页文案。

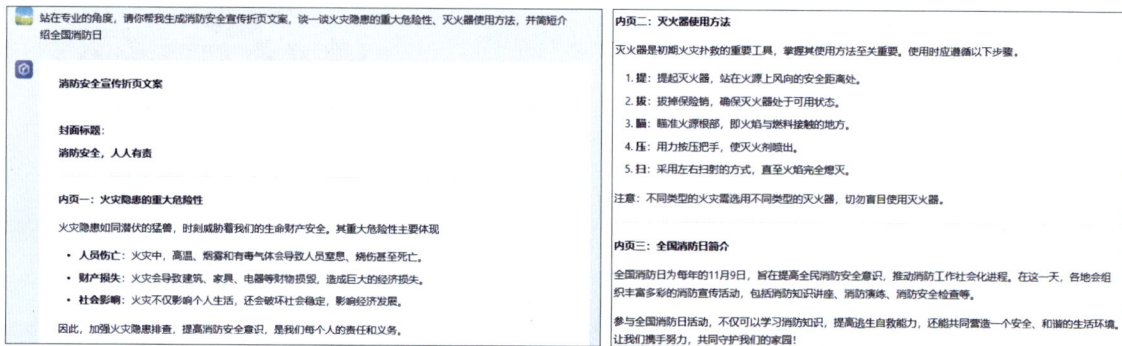

图10-44　文心一言生成宣传折页文案

10.3.3 设计消防安全宣传折页

案例背景

利用 AIGC 工具生成宣传折页文案后，还需要结合色彩、图像等多种视觉元素优化消防安全宣传折页，以直观、生动、易懂的方式向市民普及消防安全知识。

微课视频

设计消防安全
宣传折页

设计要求

（1）宣传折页内容专业，条理清晰，易于理解。
（2）宣传折页布局合理，逻辑连贯，每部分内容的主题都明确。

（3）宣传折页采用鲜明而不刺眼的色彩搭配，结合生动的插图元素，增强视觉冲击力。

（4）宣传折页总宽度为 260 毫米，高度为 185 毫米，分辨率为 300 像素 / 英寸。

制作思路

【素材位置】配套资源 :\ 素材文件 \ 第 10 章 \ 公益组织 \ "消防安全"文件夹

【效果位置】配套资源 :\ 效果文件 \ 第 10 章 \ 公益组织 \ 宣传折页 .psd

步骤 01　在 Photoshop 中新建名称、宽度、高度、分辨率分别为"宣传折页""260 毫米""185 毫米""300 像素 / 英寸"的文件。创建垂直参考线，将折页等分为 3 部分，并绘制红色垂直虚线作为分隔线。

步骤 02　打开"背景 .psd"素材，将其中所有内容拖入宣传折页中并布局，利用蒙版、图层混合模式、图层不透明度制作背景效果，效果如图 10-45 所示。

步骤 03　制作作为封面的右侧折页内容，在其中输入标题并添加"描边""渐变叠加""投影"图层样式。在标题上方添加消防栓图像，并展示火警电话信息。

步骤 04　在标题下方输入宣传标语和关于全民消防日的介绍，绘制圆形强调标语，如图 10-46 所示。

图10-45　设计背景　　　　　　　图10-46　输入文字与绘制圆形强调标语

步骤 05　将消防栓图像复制到中间折页上方，作为标题装饰元素。在其右侧绘制圆角矩形作为标题底纹，然后在其中输入板块标题，在下方输入板块内容。

步骤 06　使用步骤 04 的方法制作两个板块后，在中间折页下方绘制红色矩形，在矩形左侧添加"灭火器图标 .png"素材，在图标右侧绘制白色竖线，在白色竖线右侧输入"灭火器""使用方法"板块标题。

步骤 07　在下方输入与灭火器使用方法相关的文字，对注意事项文字绘制红色底纹以示区别，效果如图 10-47 所示。

步骤 08　制作左侧折页，复制中间折页的板块标题到左侧折页上方，修改标题为"学会识别消防标识"，在标题下方添加"消防标志 .psd"文件中的图像，适当布局，最终效果如图 10-48 所示，最后保存文件。

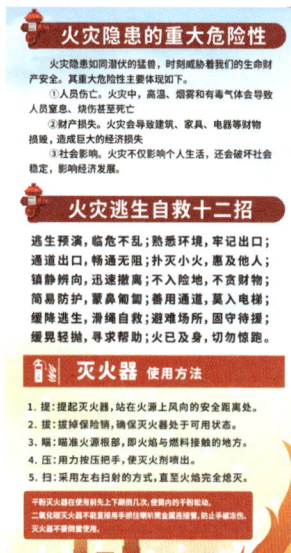

图10-47　制作中间折页内容

图10-48　最终效果

10.3.4　设计空瓶行动H5页面

案例背景

微课视频

设计空瓶行动
H5页面

为了倡导节约用水、减少塑料瓶污染的理念，某公益组织计划启动一项名为"空瓶行动"的公益活动。现需要设计动态的H5页面以宣传该活动，鼓励公众主动减少使用一次性塑料瓶，倡导回收再利用的生活方式，共同为地球的可持续发展贡献力量。

> **知识补充**
>
> "空瓶行动"是一种资源回收活动，它号召公众节约水资源，根据实际需要合理取用水资源，尽量减少瓶装饮用水的使用或浪费，同时倡导把用过的塑料瓶全部回收，加以循环利用，减少塑料瓶污染。"空瓶行动"的主题在于"空瓶"，其核心价值在于"行动"，因此我们应积极行动起来，使"空瓶行动"成为文明用水、节约资源的自觉行为。

设计要求

（1）H5页面整体视觉设计需符合环保主题，采用清新自然或简约现代的风格，色彩以自然色系为主。

（2）H5页面之间逻辑合理、层次清晰，动态效果流畅、生动。

（3）H5页面应展现塑料污染危害和空瓶回收场景，增强视觉冲击力。

（4）H5页面每页宽度为750像素，高度为1468像素，分辨率为72像素/英寸。

制作思路

【素材位置】配套资源:\素材文件\第10章\公益组织\"空瓶行动"文件夹

【效果位置】配套资源:\效果文件\第10章\公益组织\"H5页面"文件夹

1. 制作静态页面

步骤 01 在 Photoshop 中新建名称、宽度、高度、分辨率分别为"H5 第 1 页""750 像素""1468 像素""72 像素 / 英寸"的文件。

步骤 02 创建蓝白的渐变背景，添加"H5 第 1 页素材 .psd"素材，通过调整素材大小、位置、图层不透明度、蒙版、图层样式，制作第 1 页主体图像。绘制白云、星星等装饰形状，然后在画面顶部输入宣传语，变形文字使其略微弯曲，再在文字下方绘制装饰线。

步骤 03 使用步骤 01 和步骤 02 的方法，结合滤镜和图形绘制操作，制作其他页面的静态效果，如图 10-49 所示。

图10-49　制作其他页面静态效果

2. 制作动态效果

步骤 01 打开"H5 第 1 页 .psd"文件，创建帧动画，设置帧延迟时间为"0.1"。

步骤 02 在第 1 帧只显示渐变背景和格子底纹图层，隐藏其他图层。复制多个帧，在这些帧中逐渐显示其他元素的图层，并制作文字从上方移到画面中的效果。

步骤 03 为确保各帧流畅、自然地过渡，在每个帧之间制作数量合适的过渡动画帧。最后一帧需要完全显示所有内容，设置该帧延迟时间为"1"，第 1 页部分动态效果如图 10-50 所示。

图10-50　第1页部分动态效果

步骤 04 使用与步骤 01～步骤 03 相同的方法，为其他页面制作动态效果，如图 10-51 所示，保存所有文件，并导出 GIF 格式的动图。

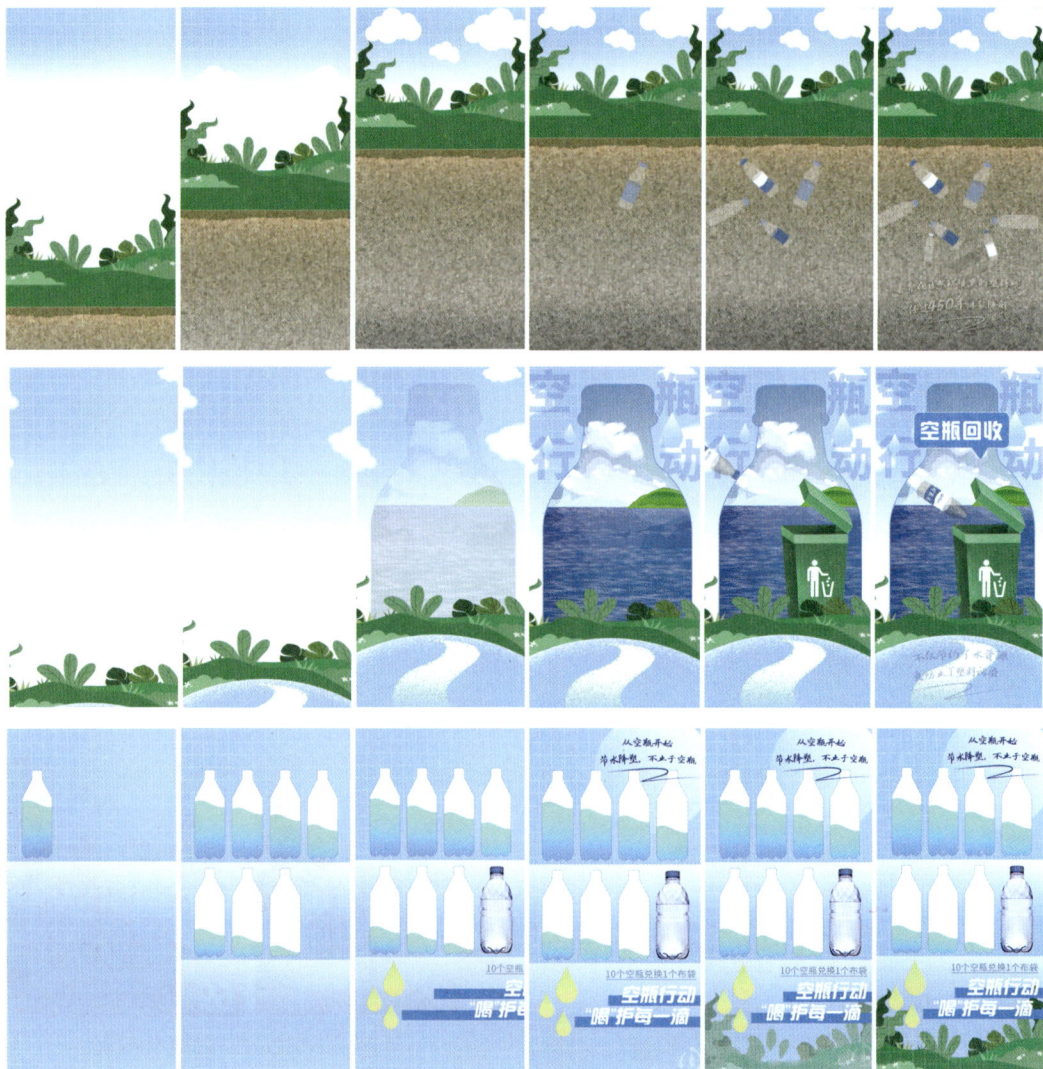

图10-51　为其他页面制作动态效果

10.4　食品电商设计项目

在数字化时代，电商平台已成为消费者购买食品的重要渠道，食品线上市场展现出巨大的潜力与活力。"味悦坊"食品网店为了抓住这一机遇，提升网店的影响力和扩大市场份额，决定启动一系列设计项目。"味悦坊"食品网店主要销售具有深厚文化底蕴的传统美食，如月饼和粽子，以"品味传统，悦享生活"为理念，为消费者提供良好的食品网购体验，同时推动传统美食文化的传承与创新。

10.4.1　利用AIGC工具生成粽子主图

案例背景

随着端午节的临近，"味悦坊"食品网店推出了一系列特色粽子商品，为了提高效率、展现创意，准备采用 AIGC 工具来生成高质量的粽子主图，以吸引消费者注意并提升粽子销量。

设计要求

（1）主图风格传统、古典，色彩搭配简单、和谐。

（2）突出展示有吸引力的商品图像，文案简洁，卖点精炼。

制作思路

【素材位置】配套资源 :\ 素材文件 \ 第 10 章 \ 食品电商 \ 粽子 .png

【效果位置】配套资源 :\ 效果文件 \ 第 10 章 \ 食品电商 \ 粽子主图 .jpg

步骤 01　打开稿定 AI 网站页面，选择"AI 设计"/"电商"/"商品主图"选项。

步骤 02　单击 ∞ AI帮我写 按钮，在打开的窗口中输入"69 元精品粽子礼盒"商品描述词，单击 ✨ 开始生成 按钮，稿定 AI 将根据商品描述词生成商品主图文案，如图 10-52 所示，单击 应用此文案 按钮。

步骤 03　在"商品图"栏上传"粽子 .png"素材，在"商品标题"栏删除"69 元"文字，单击 ✨ 开始生成，稿定 AI 将生成商品主图，若对生成结果不满意，可单击 ✨ 换一批结果 按钮重新生成。

步骤 04　在满意的结果上单击 编辑 按钮，在编辑页面中进行修改部分文字和图像大小等操作，优化主图效果，使其更符合需求，如图 10-53 所示，最后下载 JPG 格式的商品主图文件。

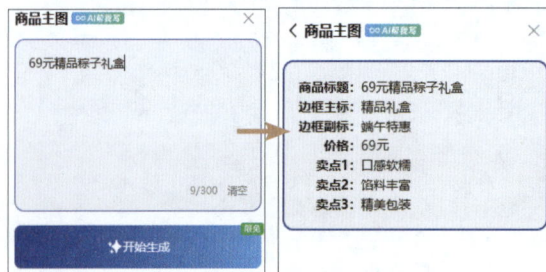

图10-52　生成商品主图文案

图10-53　生成主图并编辑效果

10.4.2　设计粽子详情页

案例背景

端午节将至，"味悦坊"食品网店推出了一款粽子，该款粽子以精选原料、匠心工艺和健康理念为核心卖点。为了推广该款粽子，"味悦坊"食品网店需要为该款粽子设计商品详情页，以吸引消费者的注意力，传达该款粽子的独特卖点，并激发消费者的购买欲望。

微课视频

设计粽子
详情页

🖐 职业素养

　　商品详情页是商品的详细图文介绍页面，可分为焦点图、使用场景图、卖点图、细节图、参数图、品牌理念图、快递与售后图等板块。设计师在设计粽子商品详情页时，可以先了解端午节和粽子的丰富内涵，进一步传承和弘扬端午节的优秀传统文化。此外，消费者往往特别重视食品的安全性、新鲜度等方面，因此设计师在制作食品类商品详情页时应明确标注食品生产日期、保质期、成分表、原料等信息。

设计要求

（1）详情页风格应与端午节传统氛围相契合，可以适当融入一些装饰元素，如粽叶、龙舟等，以增强节日氛围。

（2）配色与粽子、端午节相关，详情页整体色调要统一和谐。

（3）粽子图片高清、精美，要清晰展示粽子的外观、种类和包装，突出粽子的特点和优势，如精选原料、匠心工艺、健康理念等，同时体现健康、自然的品牌理念。

（4）文字内容简洁明了，易于理解，准确传达商品的核心价值。

（5）详情页宽度为 750 像素，高度不超过 35000 像素，分辨率为 72 像素 / 英寸。

制作思路

【素材位置】配套资源 :\ 素材文件 \ 第 10 章 \ 食品电商 \ "粽子"文件夹

【效果位置】配套资源 :\ 效果文件 \ 第 10 章 \ 食品电商 \ 粽子详情页 .psd

1. 制作焦点图

步骤 01　在 Photoshop 中新建文件，先制作焦点图，在顶部绘制深绿色渐变背景矩形，然后置入"光影 .png"素材，将其创建为背景矩形的剪贴蒙版，为了让光影效果更加自然，设置"光影"图层的混合模式为"叠加"，不透明度为"55%"，如图 10-54 所示。

步骤 02　依次置入"木桌 .png""粽子礼盒 .png"素材，将木桌移至背景矩形底部，将粽子礼盒和粽子移至木桌上，为粽子礼盒和粽子添加"投影"图层样式，制作出粽子礼盒在木桌上的投影效果，如图 10-55 所示。

步骤 03　在粽子上方绘制一个大的圆，在大圆左右两侧各绘制 5 个竖向排列的小圆。打开"焦点图装饰 .psd"素材，将其中的素材移到焦点图中。

步骤 04　使用文字工具输入图 10-56 所示的文字，完成焦点图的制作。

图10-54　光影效果

图10-55　制作出在木桌上的投影效果

图10-56　输入文字

2. 制作卖点图

步骤 01　先制作粽子口味卖点图。在焦点图下方绘制深绿色渐变的背景矩形，输入该板块的标题文字和描述语，打开"粽子标题装饰.psd"素材，将其中的素材移至标题周围，效果如图 10-57 所示。

步骤 02　在文字左下方绘制填充为金色渐变的圆角矩形，在该圆角矩形上方绘制一个较小的浅棕色圆角矩形，在其下方绘制一条深绿色的竖直虚线，效果如图 10-58 所示。

步骤 03　打开"粽子口味.psd"素材，将其中的"八宝粽"图层拖曳至小圆角矩形上，并创建剪贴蒙版，再在虚线两侧输入对应的口味名称和简介文字，效果如图 10-59 所示。

步骤 04　将八宝粽模块涉及的图层创建为图层组，复制 5 个该图层组，调整其位置，修改其中的图片和文字，制作其他模块，效果如图 10-60 所示。

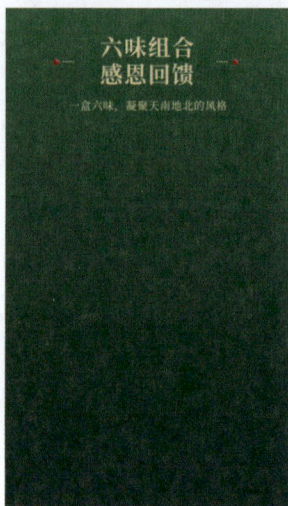

图10-57　装饰效果　　　图10-58　绘制图形　　　图10-59　制作模块　　　图10-60　制作其他模块

步骤 05　接下来制作粽子原料卖点图，打开"分隔线.psd"素材，将其移至粽子口味卖点图底部，然后使用步骤 01 的方法制作粽子原料卖点图的背景与标题，如图 10-61 所示。

步骤 06　在标题下方绘制一个大圆角矩形，添加浅绿色的"描边"图层样式和棕色的"内阴影"图层样式。

步骤 07　置入"木纹png"素材，将其移至圆角矩形上，并创建剪贴蒙版，效果如图 10-62 所示。

步骤 08　打开"图片框1.psd"素材，将其中的图片框移到圆角矩形左半边。置入"鲜米.jpg"素材，将其创建为图片框的剪贴蒙版，然后输入鲜米卖点文字，并绘制形状以装饰文字。

步骤 09　使用与步骤 08 相同的方法制作"高山粽叶"卖点模块，效果如图 10-63 所示。

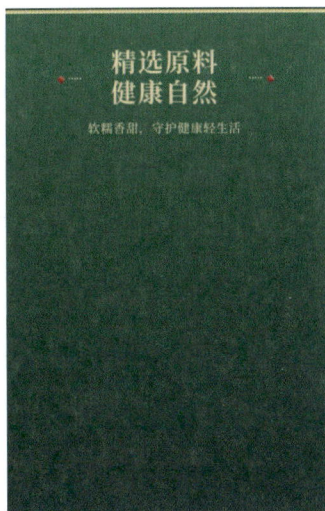

图10-61 制作粽子原料卖点图的
背景与标题

图10-62 添加木纹素材

图10-63 制作"高山粽叶"
卖点模块

3. 制作细节图

步骤 01 使用制作卖点图的方法添加分隔线,绘制细节图背景并制作标题,然后制作第 1 个细节模块。打开"图片框 2.psd""标牌 .psd"素材,将其中的内容移到标题下方并布局,置入"细节1.jpg"素材,将其移到图片框上创建剪贴蒙版,效果如图 10-64 所示。

步骤 02 在标牌中输入"美味可口"文字,为其添加金色的"渐变叠加"图层样式和深棕色的"投影"图层样式,在标牌右侧输入"精选新鲜糯米,软糯有黏性"文字,效果如图 10-65 所示。

步骤 03 将第 1 个细节模块的所有内容创建为图层组,复制 2 个该图层组,调整其位置,修改其中的图片和文字,制作另外 2 个细节模块,效果如图 10-66 所示。

图10-64 蒙版效果

图10-65 添加文字

图10-66 制作另外2个细节模块

4. 制作参数图

步骤 01 使用制作卖点图的方法添加分隔线,绘制参数图背景并制作标题,然后将原料图中的大圆角矩形及其上的木纹蒙版复制到标题下方。

步骤 02　在圆角矩形中绘制 3 条深绿色横线，用作参数信息的分隔线。

步骤 03　在标牌中输入信息参数文字，效果如图 10-67 所示。

5. 制作商品理念图

步骤 01　使用制作卖点图的方法添加分隔线，绘制商品理念图背景并制作标题，将细节图中的图片框和标牌复制到标题下方并布局，效果如图 10-68 所示。

步骤 02　置入"端午佳粽 .jpg"素材，将其移至图片框上并创建为剪贴蒙版。

步骤 03　在标牌中和标牌下方输入理念相关的文字，复制细节图中"美味可口"文字图层的图层样式，将其粘贴到标牌中的文字图层上，效果如图 10-69 所示。

图10-67　输入信息参数文字

图10-68　布局理念图　　　　图10-69　添加图文

步骤 04　保存文件，最终效果如图 10-70 所示。

图10-70　最终效果

10.4.3 利用AIGC工具生成中秋节插画

案例背景

临近中秋节，月饼迎来了销售旺季。为了在激烈的市场竞争中脱颖而出，"味悦坊"食品网店决定采用 AIGC 工具生成具有独特创意和深厚文化底蕴的中秋节插画，用于月饼包装盒、宣传页面设计等，以吸引消费者的目光。

设计要求

（1）插画能展现月饼的美味与品质，更要融入关于中秋节的传统文化元素，营造出浓厚的节日气氛。

（2）插画色彩需以温暖色调为主，如金黄、橙红、深蓝等，符合中秋节的温馨与祥和氛围。

（3）插画需突出主题元素，避免过于花哨或杂乱无章。

制作思路

【效果位置】配套资源 \ 效果文件 \ 第 10 章 \ 食品电商 \ 中秋节插画 .png

步骤 01　打开 Midjourney 中文站，选择"NJ6.0（动漫质感）"模型，设置生成尺寸为"1：1"。

步骤 02　输入提示词，描述对主题内容、背景、视觉风格、色彩和氛围的要求。

步骤 03　根据结果优化和调整提示词，直至生成较为满意的结果，如图 10-71 所示。此处第 4 张图较符合要求，在"查看"栏单击 C4 按钮，查看预览大图，单击 ⬇ 按钮下载图片。

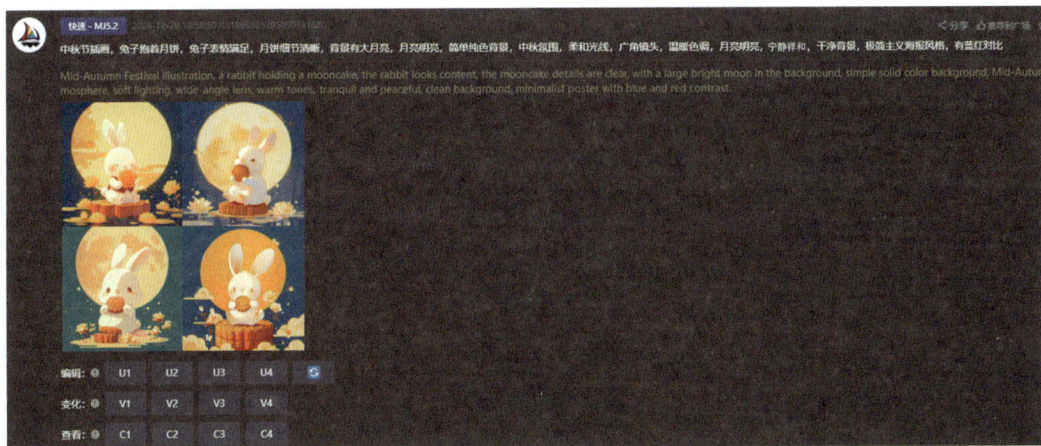

图10-71　Midjourney中文站生成中秋节插画

10.4.4 设计月饼包装盒

案例背景

"味悦坊"食品网店推出了"花好月圆"月饼礼盒，需要通过精美的包装设计宣传中秋节的传统文化，营造浓厚的节日氛围，吸引消费者购买礼盒。

微课视频

设计月饼
包装盒

设计要求

（1）包装盒设计需用到前面利用 AIGC 工具生成的中秋节插画，并紧扣月饼和中秋节主题。

（2）包装盒色彩搭配需和谐统一，如采用金黄色、橙红色、深蓝色等，应符合中秋节的温馨与祥和氛围。同时，包装盒要突出主题元素，避免过于花哨或杂乱无章。

（3）包装盒应展示品牌名称、商品名称、规格、生产日期、保质期等月饼基本信息，文案需简洁明了，选择与画面效果和谐的字体。

（4）根据提供的平面图尺寸和包装盒立体样机，单独设计包装盒的各个面，并展示立体效果。

制作思路

【素材位置】配套资源:\素材文件\第 10 章\食品电商\"月饼"文件夹

【效果位置】配套资源:\效果文件\第 10 章\食品电商\月饼包装盒 .psd、展开图 .psd、立体图 .psd

步骤 01　在 Photoshop 中新建名称、宽度、高度、分辨率分别为"月饼包装盒""20 厘米""20厘米""300 像素 / 英寸"的文件。置入"中秋节插画 .png"素材，调整其大小，使其刚好铺满画布。

步骤 02　在画面两侧分别输入"花""好""月""圆"礼盒名称文字，为其叠加较粗的"描边"图层样式，然后设置图层的填充为"0%"，制作出边框字效果。

步骤 03　在上方和下方的礼盒名称文字之间绘制两条竖线作为装饰，效果如图 10-72 所示。将正面所有内容创建为"正面"图层组，隐藏该图层组。

步骤 04　新建"侧面 1"图层组，绘制大小为"20 厘米 ×9.5 厘米"且与包装正面插画背景色相同的蓝色矩形，再绘制表格框线，然后在其中输入商品基本信息，效果如图 10-73 所示。

步骤 05　新建"侧面 2"图层组，复制侧面 1 的蓝色矩形作为背景。添加圆环和祥云装饰元素，在圆环中输入商品名称，在圆环上方绘制路径并输入"情系佳节　月饼香中秋悦　家好月圆"路径文字，效果如图 10-74 所示。

图10-72　设计包装盒正面　　　　图10-73　设计包装盒侧面　　图10-74　设计另一个侧面

步骤 06　打开"展开图尺寸.jpg"素材，盖印之前设计的各个面的包装图像，将盖印效果添加到展开图中，调整其大小、位置和角度，效果如图 10-75 所示。

图10-75　包装设计展开图效果

步骤 07　打开"包装盒样机.psd"素材，将盖印效果替换为包装盒各个面，效果如图 10-76 所示，最后保存所有文件。

图10-76　包装盒立体效果

10.4.5　设计"双11"大促广告

案例背景

临近"双 11"购物节，"味悦坊"食品网店决定推出一系列促销活动，以回馈广大消费者并吸引更多新消费者。为更好地开展促销活动，"味悦坊"食品网店准备

微课视频

设计"双 11"
大促广告

设计一张具有独特风格和吸引力的"双 11"大促广告，以展示其丰富的促销活动，激发消费者的购买欲望。

设计要求

（1）广告采用中国风传统风格，整体色彩典雅、和谐。

（2）广告突出"双 11"字样并突出店铺优惠信息，展示优惠券面额。

（3）广告宽度为 1920 像素，高度为 1440 像素，分辨率为 72 像素 / 英寸。

制作思路

【素材位置】配套资源 :\ 素材文件 \ 第 10 章 \ 食品电商 \ "双 11"文件夹

【效果位置】配套资源 :\ 效果文件 \ 第 10 章 \ 食品电商 \ "双 11"大促广告 .psd

步骤 01　在 Photoshop 中新建名称、宽度、高度、分辨率分别为 " '双 11'大促广告"
"1920 像素""1440 像素""72 像素 / 英寸"的文件。

步骤 02　绘制从橙色到蓝绿色的渐变背景，打开"背景 .psd"素材，将其中的图像拖入广告中，结合图层蒙版、"橡皮擦工具" 进行布局，效果如图 10-77 所示。

图10-77　背景效果

步骤 03　使用文字工具输入"全店五折起""双 11 大促"标题文字，结合"钢笔工具" 输入"11 日 0 点起前两个小时折上折"路径文字。

步骤 04　绘制圆和飘带图形作为装饰，结合"描边""渐变叠加""投影"图层样式制作标题突出效果，如图 10-78 所示。

图10-78　制作标题突出效果

步骤 05　添加"长卷 .psd"素材到广告画面下方，在长卷上输入优惠券面额文字，并通过自由变换调整文字的角度，使其适应长卷的弧度，效果更和谐，最终效果如图 10-79 所示，最后保存文件。

图10-79　最终效果

附录 1 行业案例

不同应用领域设计作品的制作要求不同，设计师可以多观看和研究一些优秀的设计作品，提升自己的设计能力。下面提供了 5 个行业案例，设计师可以扫描下方的二维码，查看这些设计作品的案例要求、效果和制作思路，然后进行练习，以提升设计能力。案例对应的素材、效果文件可在人邮教育社区的本书主页中获取。

行业案例： 广告设计	行业案例： 包装设计	行业案例： 书籍装帧设计	行业案例： UI设计	行业案例： 招贴海报设计

附录 2 常用 AIGC 工具索引及提示词模板

设计师在深入研究和有效应用 AI 技术的过程中，熟悉并掌握一系列常用的 AIGC 工具及其相应的提示词模板，对提升工作效率和生成内容的准确性具有重要意义。设计师可以扫描下方的二维码查看具体内容，同时人邮教育社区的本书主页中提供了对应的电子文档。

资源链接： 常用AIGC工具 索引	资源链接： 提示词模板

附录 3 Photoshop 快捷键一览表和图像处理技巧

为了帮助设计师快速掌握 Photoshop 的操作技巧，本书整理了 Photoshop 中常用的快捷键。此外，本书还精心汇总了一系列实用的图像处理技巧，以帮助设计师更好地运用 Photoshop 的功能并发掘自身的潜力。设计师可以扫描下方的二维码查看具体内容，同时人邮教育社区的本书主页中提供了对应的电子文档。

资源链接： Photoshop快捷 键一览表	资源链接： 图像处理技巧